手机理财宝典

左手理财右手赚钱

李军◎编著

清华大学出版社

北京

内 容 简 介

想将手机变成钱包，从此出门告别带卡、带钱包的时代吗？

想将手机变成赚钱神器、黄金商铺，随时随地轻松赚钱吗？

这很简单！本书理论结合实践，通过 229 个实例讲解，帮您快速精通手机理财，全程图解，以图展示文字，步步精讲，手把手教您用手机赚钱！

本书共分为 16 章，具体章节内容包括：做好准备——迈出手机理财第一步；手机钱包——把现金装进手机；手机理财——如何用手机省钱；理财平台——移动互联网金融理财；宝类产品——移动互联网理财产品；移动储蓄理财——手机银行更便捷；移动信用卡理财——手机帮你管卡；移动银行理财——购买银行理财产品；移动 P2P——手机帮你"钱生钱"；手机炒股——想炒就炒方便快捷；手机炒基金——随时随地交易；移动保险——手机给你全方位保障；移动外汇投资——用手机以钱来赚钱；移动贵金属——在手机上运筹帷幄；移动电商——手机就是店铺；风险防范——手机理财陷阱与误区。

本书结构清晰、案例丰富，适合喜欢用手机银行、微信支付的时尚理财人士，特别是喜欢用手机理财、赚钱投资的人群，也适合投资股票、基金、外汇、保险、贵金属、宝类基金等的人群。

图书在版编目（CIP）数据

手机理财宝典：左手理财右手赚钱 / 李军编著． —北京：清华大学出版社，2016

ISBN 978-7-302-41735-4

I. ①手… II. ①李… III. ①移动电话机–应用–家庭管理–财务管理–基本知识

IV. ①TS976.15-39

中国版本图书馆 CIP 数据核字（2015）第 239593 号

责任编辑：杜长清
封面设计：刘 超
版式设计：刘洪利
责任校对：马军令
责任印制：王静怡

出版发行：清华大学出版社
    网 址：http://www.tup.com.cn，http://www.wqbook.com
    地 址：北京清华大学学研大厦 A 座 邮 编：100084
    社总机：010-62770175   邮 购：010-62786544
    投稿与读者服务：010-62776969，c-service@tup.tsinghua.edu.cn
    质 量 反 馈：010-62772015，zhiliang@tup.tsinghua.edu.cn
印 刷 者：清华大学印刷厂
装 订 者：三河市吉祥印务有限公司
经 销：全国新华书店
开 本：170mm×230mm 印 张：24.25 字 数：407 千字
版 次：2016 年 2 月第 1 版 印 次：2016 年 2 第 1 次印刷
印 数：1～3000
定 价：49.80 元

产品编号：063634-01

前　　言

写作驱动

目前已进入移动时代，人人皆有手机，手机同样可以作为理财工具。本书重点讲解运用手机（也适用于平板电脑等）进行理财的方法和技巧，以及如何用手机进行各类生活支付、选择理财平台、省钱方法大全，并对多款理财软件的安装进行操作解析，掌握手机理财的基本操作、买卖方法、风险分析等，实现时时处处掌控理财动态，实现手机轻松收益。

本书作为手机理财的入门教材，通过 229 个实例讲解，从最简单的手机上网知识开始讲起，尽量以最简单易懂的方式进行描述，并搭配图示讲解，使整个知识结构清晰。

本书特色

（1）图文结合，全程实战操作。笔者亲身实测，深入手机理财最前线，通过图片＋步骤的方式，详解手机赚钱的实战操作。

（2）权威经验，实用技巧分享。总结众多手机达人的理财经验，分享手机钱包、手机理财、赚钱省钱等技巧，现学现用。

（3）特色鲜明，性价比高。4 大手机钱包打造、9 大手机钱包消费支付、12 种手机赚钱省钱方式、12 个移动外汇投资技巧、12 个手机理财陷阱防范、12 个手机炒基知识介绍、15 个宝类基金产品详解、15 种金融理财平台介绍、15 种手机银行热门应用、16 种手机信用卡应用技巧、16 个手机开店铺技巧放送、18 个

P2P 理财知识精讲、19 个手机炒股全面解析、21 个移动保险平台及产品细讲等，让本书性价比超高！

作者信息

本书由李军编著，参与编写的人员还有刘焰萍、柏慧、张瑶、苏高、罗磊、刘嫔、罗林、宋金梅、曾杰、周旭阳、袁淑敏、谭俊杰、徐茜、杨端阳、谭中阳、张国文、李四华、陈国嘉等。由于时间仓促，书中难免存在疏漏与不妥之处，欢迎广大读者来信咨询和指正，联系邮箱为 itsir@qq.com。

编　者

目　　录

MOBILE
MONEY HANDBOOK

第 10 章 手机炒股——想炒就炒方便快捷 ·········· **200**

MOBILE
MONEY
HANDBOOK

第1章

做好准备——迈出手机理财第一步

学前提示

越来越多的人开始使用手机进行理财。手机理财有着传统理财无法比拟的优势，如快捷、方便、开销小等。不过在开始手机理财之前，还要进行许多准备工作，这也是手机理财的基础。

要点展示

手机上网方式——流量上网
手机定位服务设置
手机理财的热门软件
手机理财安全细节要知道
手机理财——安装手机杀毒软件

001 手机理财的优势及特点

现今社会经济形势下，很多人都会觉得自己手中的钱存不住，特别是当代大学生以及刚步入社会的青年群体，这种现象很普遍。很多人不是在为钱包里的钱悄无声息地减少却没干什么实事而烦恼，就是在为不能想起来是哪位朋友借了钱未还而困惑，还有些需要记账的人觉得天天记账很麻烦，也很难坚持。对于他们来说，移动理财便是一个很不错的改变自己理财习惯的方法。越来越多的人开始使用手机进行理财，移动理财有着传统理财无法比拟的优势，如快捷、方便、开销小等。

1. 发展迅速

近年来，依托于大数据和电子商务的发展，移动互联网金融得到了快速发展。以支付宝的余额宝为例，上线不到 20 天，其累计用户数达到 250 多万，累计转入资金达到 66 亿元。目前余额宝规模超过 500 亿元，上线至今以日均 5 亿元的增速增长，已成为规模最大的公募基金。

移动互联网金融能够如此迅速地发展，主要是因为移动互联网的传播特性，它集文字、图片、色彩、电影、三度空间、虚拟现实等所有广告媒体的功能于一身，同时还可以加入声音、图片、动画和影像信息，真正达到声情并茂，生动形象地让客户看到公司的相关信息，大大增强产品宣传的实效，使投资者能更加直观地体验产品、服务与品牌优势，以铜板街 APP 的直观界面和挖财记账 APP 的图文界面为例，如图 1-1 和图 1-2 所示。

■ 图 1-1 铜板街 APP　　■ 图 1-2 挖财记账 APP

随着手机技术的不断完善和成熟，智能手机已经大众化并风靡全球。互联网金融类 APP 仅在一年时间内，用户规模达到 6383 万，使用率达 10.1%，成为 2014 年上半年表现突出的网络应用。

在激战正酣、瞬息万变的移动互联网金融世界里，如果还只知道余额宝和理财通，那就真的过时了。在这个全民理财的时代，手机可以实现的理财功能日益增多，如手机炒股、手机炒汇、手机炒期货、手机投保、手机购彩、手机记账等。当前，盈盈理财、铜板街等"草根"APP 风头正劲，凭借着傻瓜式理财、懒人金钱管家的理念迅速抢占市场，赢得了万千投资者的青睐；挖财、随身记、卡牛等 APP 在看似狭窄的细分领域挖掘出了巨大的市场。

目前，各类理财 APP 如八仙过海，各显神通，对于有理财需求的用户来说，掌握这些理财利器，无疑为打理好自己的财务生活锦上添花。移动理财已成为另一种时尚，其应用热潮一浪高过一浪，手机必将成为用户忠实的"管家"和得力的"财务顾问"。

2. 效率较高

为了解决银行排队时间过长这一难题，很多银行开发出了手机银行理财的新模式，投资者不但可以方便、快捷地买到称心如意的理财产品，更可以享受到免手续费和获得积分等优惠服务，如图 1-3 所示。用手机来缴纳生活服务费用，足不出户就可以完成，操作也更加人性化，如图 1-4 所示。

移动互联网金融业务主要由智能手机处理，操作流程完全标准化，用户不需要排队等候，业务处理速度更快，用户体验更好。简单、方便、收益率高的手机银行理财方式不仅成了银行揽储的新渠道，而且逐步提高了手机银行在人群中的使用率。

■图 1-3　"理财助手"界面　　■图 1-4　"生活助手"界面

> **专家提醒**
>
> 　　多数银行推出的手机银行除了可以购买理财产品外，还可以提供更多服务，包括同行、跨行、异地汇款，进行账户管理、转账汇款、投资理财、消费支付、手机充值，进行交通票务预订、资金管理等。此外，用户还可享受各种费用优惠，参与银行不定期组织的活动，并结合手机提供的定位服务，找到附近的 ATM 自助设备和商户服务等。

3. 成本低廉

在移动理财模式下，资金供求双方可以通过移动网络平台自行完成信息甄别、匹配、定价和交易，无传统中介、无交易成本、无垄断利润，交易成本更低。

（1）金融机构方面。可以避免开设营业网点的资金投入和运营成本，节省大量人力、物力与财力。

（2）普通投资者方面。可以在开放透明的平台上快速找到适合自己的金融产品，削弱了信息不对称程度，更省时省力。相对于投资者来说，移动理财是一种更加透明、有利于投资者的投资理财方式。

以商业银行为例，办理一项同样的业务，手机银行成本只有实体网点的十分之一，手机银行对实体网店的替代使得运营成本大幅降低，用户也能享受更低的手续费。柜台办理、ATM 机转账、网银转账和手机银行，是目前国内异地转账汇款的 4 种主要方式，不同的转账方式，手续费不同。通过柜台、ATM 转账汇款，各家银行收取手续费的差别较小，费用也高于网上银行和手机银行。

4. 覆盖面广

随着社会生活水平的提高，人们对于"吃、穿、用、住、行、游、玩"有了全新的需求。手机通信具有不可替代的方便性，使之成为投资理财服务创新最重要的产品之一。移动理财的随时、随地、随心、随身的特性，潜移默化间改变了现代人的生活方式。

同传统的理财渠道相比，移动理财的最大优势就是用户可随时随地获取所需的服务、应用和信息。用户可以在自己方便时，使用智能手机或 PDA 查找、选择及购买理财产品和生活服务，如图 1-5 所示。

■ 图1-5 移动互联网的覆盖面广

　　在移动互联网金融模式下，用户能够突破时间和地域的约束，在网络上寻找需要的金融资源，金融服务更直接，用户基础更广泛。此外，移动互联网金融的客户以小微企业为主，覆盖了部分传统金融业的金融服务盲区，有利于提升资源配置效率，促进实体经济发展。

专家提醒

　　据相关调查显示，截至2013年，全球有来自243个国家或地区超过7.3亿个IP地址连接至互联网。由于在某些情况下单个IP地址可代表多个用户（例如，多个用户通过防火墙或代理服务器访问网络），实际用户远超过10亿人。

5. 金融功能发挥

　　随着时间的推移和区域的变化，金融机构的形式和特征或许会有很多不同，但其所发挥的基本功能却大体不变。金融体系的演变和效率的提高，不过是根据技术、环境的变化，筛选出可以最有效执行这些功能的机构与模式罢了。

　　移动理财与传统理财渠道的优劣比较，主要还是在于哪种方式能更有效地发挥金融的基本功能。总的来说，金融体系的基本功能主要包括如下几个方面。

　　（1）支付工具。

　　金融体系要根据社会需要，提供多数人可接受的支付工具，即货币供应。从长远角度来看，随着熟悉移动互联网的年轻一代逐渐成为社会主流，移动支付方式对传统支付方式的替代会愈发明显。

移动支付由于其个性化的特点，具备将交易追溯到具体交易人的特点，非常适合交易。从发展角度来看，移动支付是第三方电子支付的一大趋势。

尽管发展前景广阔，但就目前形势而言，互联网支付与传统金融还有一定的差异，尚难形成根本性的替代。

（2）由于自身不能创造出支付工具，互联网支付所使用的交易媒介事实上与传统金融并无区别，即银行账户上的货币资金。在这个意义上，互联网支付更像是对传统金融支付的补充和延伸，提高了传统支付的效率和服务范围。

（3）通过社交网络，可以生成和传播各类与金融相关的信息，特别是可以获取一些个人或机构没有义务发布的信息。

（4）搜索引擎对信息的组织、排序和检索，能缓解信息超载问题，有针对性地满足信息需求，大幅提高信息搜集效率。

（5）海量数据高速处理能力。目前，全社会信息中约70%已经被数字化了。未来，各种传感器会更加普及，在大范围内得到应用，如目前智能手机中已经嵌入了很复杂的传感设备或应用程序。购物、消费、阅读等很多活动会从线下转到线上，如果3D打印得到普及，那么制造业也会转到线上。在这种情况下，全社会信息中有90%可能会被数字化，这就为大数据在金融中的应用创造了条件。如果个人、企业等的大部分信息都存放在互联网上，那么通过网上信息就能准确评估这些个人或企业的信用资质、盈利前景等。

由此可以看出，移动理财可以及时获取供求双方的信息，并通过信息处理使之形成时间连续、动态变化的信息序列，并据此进行风险评估与定价，这对传统金融无疑是一个相当大的挑战。

专家提醒

在一些移动互联网平台的交易体系设计（如eBay和淘宝等）中，不仅可以很容易地获得交易双方的各类信息，而且还能有效地将众多交易主体的资金流置于其监控之下，与传统金融模式相比，这极大地降低了风险控制成本。

002　手机理财的国内情势

其实我国互联网金融业务的起步并不晚，招商银行于 1997 年率先推出中国第一家网上银行，仅比世界第一家网络银行晚两年。但在 2013 年之前，我国的互联网金融可以说是“零发展”，直到 2013 年才开始全面发展，这还取决于移动互联网技术的成熟，与 20 世纪 90 年代美国互联网企业相比，目前国内互联网企业存在以下两个优势。

1. 手机领域发展迅猛

“移动互联网”好于“固定互联网”，客户黏性更高。20 世纪 90 年代，美国互联网发展虽然较快，但仍然是“固定互联网”，也就是用户必须要坐在电脑前才可以上网，如今已发展成为“移动互联网”，通过手机即可上网。因此，目前国内互联网的客户黏性好于 90 年代的美国，作为销售平台的优势更大。

2. 应用软件更加人性化

“社交平台”优于“单一网页”。与之前网络主要提供单一的网页相比，如今的互联网通过微信、微博、QQ 空间等方式已发展成为社交平台，普通用户每天浏览时间更长，用户黏性更高。

我国互联网金融虽然发展较晚，但发展速度极快，我国的互联网金融产业已经达到了全球领先水平，由此可见，我国高速发展的现代信息技术为互联网金融的产生和发展奠定了坚实的物质和技术基础。

手机理财 APP 的种类丰富多样，用户的喜好也各不相同，部分理财 APP 的月活跃用户数如图 1-6 所示。

	类别	月活跃用户数（万人）
支付宝钱包	支付	16646.58
同花顺	股票	1330.05
随手记	记账	875.89
大智慧手机炒股软件	股票	693.76
挖财	记账	629.43
银联手机支付	支付	626.74
财付通	支付	598.44
翼支付	支付	423.6
东方财富通免费炒股软件	股票	422.44
天天基金	股票	356.5
京东金融	理财平台	322.71
铜板街	理财平台	309.17
益盟操盘手	股票	255.38
腾讯自选股	股票	253.16
京东钱包	支付	251.96
全民付	支付	236.91
数米基金宝	基金	205.25
招商智远理财	股票	191.05
雪球理财	理财平台	187.9
银河玖乐	股票	168.04
易阳指	股票	156.28
手机支付	支付	152.46
银联钱包	支付	152.23
团贷网	P2P	143.45
金太阳手机炒股	股票	142.21
东方赢家	股票	142.11
股票雷达	股票	125.58
广发金管家手机证券	股票	123.6

■ 图 1-6　理财 APP 的月活跃用户数

003　手机上网方式——流量上网

要用手机进行理财，首先必须解决上网问题，本节先介绍用流量上网。手机流量是指手机上网产生的流量数据，用手机打开软件或进行互联网操作时，会和服务器之间交换数据，手机流量就是指这些数据的大小。

用户可以将自己手机卡的网络连接打开，借用手机流量上网。方法如下：

（1）在设置界面中点击"移动网络"按钮，如图1-7所示。

（2）之后点击"启用数据流量"按钮，如图1-8所示。

（3）可以进一步选择3G、4G网络自动切换模式，如图1-9所示。

■图1-7　点击"移动网络"按钮

■图1-8　点击"网络"按钮

■图1-9　首选网络模式

004　手机上网方式——WiFi上网

WiFi上网已成为一种主流，下面介绍如何连接WiFi上网。

如果用户需要加入某一无线网络，其具体流程如下。

（1）进入手机设置页面，点击WLAN按钮，如图1-10所示。

（2）此时手机会搜索附近能够接收的无线网络信号，用户选择需要进行连接的账户即可，如图1-11所示。

（3）输入所选WiFi的密码，如图1-12所示。

■ 图 1-10　点击 WLAN 按钮　　■ 图 1-11　显示打开　　■ 图 1-12　连接无线网络

专家提醒

值得注意的是，手机对连接过的无线网络有记忆功能，只要其密码不更改，用户的手机会自动连接至该网络。如果用户不希望自动连接某一无线网络，需要手动删除该无线账户。

005　手机上网方式——将电脑网络转为 WiFi

随着网络的普及与发展，目前出现了一种更新潮的手机上网方式——随身WiFi。该方法是通过 USB 无线网卡把有线网络转换成无线网络，例如，猎豹免费WiFi、360 随身 WiFi 等，即可实现该功能，如图 1-13 所示。

超小型，易携带

■ 图 1-13　USB 无线网卡

用户只需把 USB 无线网卡插到一台可以上网的电脑上，并设置为模拟 AP 模式，这台电脑就相当于一台无线 AP，可以支持多台电脑的 WiFi 共享，如图 1-14 所示。

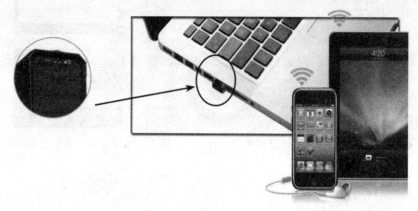

■ 图 1-14　创建无线网络

另外，如果用户出门在外，无法携带电脑终端，还可以使用一种迷你无线路由器，如图 1-15 所示。

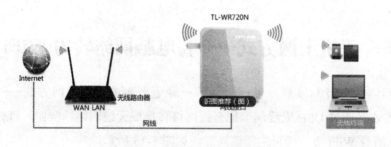

■ 图 1-15　迷你无线路由器

该设备的设置原理与家用路由器相同，不过体积要比家用路由器小得多，信号也不如家用路由器强，一般是在酒店等提供有线接口的地方使用更为合适。用户连接电源与网线后，即可用手机搜索该 WiFi 并无线上网了。

006 手机上网方式——使用免费 WiFi APP

百度和 360 是最早推出免费 WiFi 产品的，百度手机助手与中国电信达成深度合作，推出免费 WiFi 服务。360 公司则是在中国互联网安全大会上正式发布了"360 免费 WiFi 手机版"，如图 1-16 所示。腾讯是在经过公测后，在其手机 QQ 5.3 安卓版中正式上线了 QQ WiFi 功能，如图 1-17 所示。阿里巴巴的"淘 WiFi"上线时间最短，2015 年 1 月下旬才正式上线。

■ 图 1-16 360 免费 WiFi 手机版

■ 图 1-17 QQ WiFi

为了给用户提供更多的热点选择，4 款软件都会向用户显示搜索到的附近所有热点，如图 1-18 所示。其中，360 免费 WiFi、腾讯 WiFi、淘 WiFi 还具有地图功能，可以定位用户位置并标明附近的热点，对其距离进行详细标明，如图 1-19 所示。

■ 图 1-18 附近的免费热点

■ 图 1-19 地图功能

用户可以根据自己所处环境的条件，选择以上任意一种或几种方式组合在一起进行手机上网。

007　手机定位服务设置

手机定位服务又叫做移动位置服务，它是通过电信商的网络获取手机用户的位置信息，在电子地图平台的支持下，为用户提供相应服务的一种增值业务，被全球各大运营商公认为继短信之后的新一轮革命。

手机定位是通过复杂的数学模型，对移动通信网络数据进行精密计算，得出移动用户的经纬度坐标，在电子地图平台的支持下，为用户提供相应位置服务。用户设置或关闭定位服务的方法如下。

（1）进入设置界面，点击"GPS 定位"按钮，如图 1-20 所示。

（2）用户可以点击开关打开或关闭相应应用的定位功能，如图 1-21 所示。

■ 图 1-20　点击"GPS定位"按钮

■ 图 1-21　打开或关闭相应功能

许多应用程序都有定位服务功能，在给用户提供更多便利的同时，也会消耗用户手机的流量。同时，手机定位服务一直备受争议，某些不法商家利用手机定位提供"暴力服务"，致使很多用户的隐私受到侵犯，甚至人身、财产受到侵害。因此，在没有需要时，建议关闭定位服务。

008 手机密码的设置

由于进行理财，许多用户将自己的私人资料保存在手机中，也有一些用户将手机端的应用软件设置为自动登录。因此，设置手机密码可以有效防范手机理财中的风险，其设置过程大致有以下几个步骤。

（1）进入手机设置，点击"安全服务"按钮，如图 1-22 所示。

■ 图 1-22 点击"安全服务"按钮

（2）在"安全服务"界面找到"屏幕锁定"按钮并点击，如图 1-23 所示。

（3）在"选择屏幕锁定方式"界面中点击"数字密码解锁"按钮，如图 1-24 所示。

（4）此处设置 4 位数密码，并再次输入该密码确认，如图 1-25 所示。

■ 图 1-23 点击"屏幕锁定"按钮

■ 图 1-24 点击"数字密码解锁"按钮

■ 图 1-25 输入密码

专家提醒

为手机设置密码后，暂时无法通过其他方式找回密码，因此用户必须牢记自己设置的密码，否则只能采用"刷机"的方式破解，届时手机里所有的资料都将丢失。

009　手机理财必会操作——下载和安装 APP

某些品牌手机（如 OPPO）会预装供用户下载软件的应用商店，在网络允许的情况下，可以直接在手机的应用商店下载，这样就不需要通过电脑来传输。对于手机本身没用应用商店的用户，也可以先安装一个，方便下载软件应用，例如"91 助手"等有查找功能的 APP。

这里以"软件商店"为例，介绍通过应用商店下载软件的方法，具体步骤如下：

（1）打开"软件商店"，如图 1-26 所示。

（2）在搜索栏输入欲安装的软件，如图 1-27 所示，例如，输入"理财"，然后点击"搜应用"按钮。

■ 图 1-26　打开软件商店　　　　■ 图 1-27　输入应用名并搜索

值得注意的是，使用手机应用商店直接下载软件会使用大量的手机流量，因此最好是在有无线网络的情况下下载。如果没有无线网络，同时又使用非3G（即第三代移动通信技术，是指支持高速数据传输的蜂窝移动通信技术）手机卡时，其下载的速度会非常慢。

（3）选择适合的应用程序，点击"下载"按钮，如图1-28所示。

（4）手机会自动下载和安装该软件，并显示安装进度，如图1-29所示。

■ 图1-28 点击"下载"按钮　　■ 图1-29 下载软件

（5）软件下载并安装完毕后，返回手机主菜单即可出现该软件的图标，如图1-30所示。

（6）点击软件图标则直接使用该软件，不用再进行安装，如图1-31所示。

■ 图1-30 软件图标　　■ 图1-31 软件使用界面

010　手机理财的热门软件

手机理财的热门软件非常多，本节将介绍几款操作简单、方便又实用的手机理财APP，例如，余额宝、理财通、随手记账理财等。

余额宝是支付宝打造的余额增值服务。把钱转入余额宝即购买了由天弘基金提供的余额宝货币基金，可获得收益。余额宝内的资金还能随时用于网购支付，灵活提取。余额宝的主界面显示了万份收益、累计收益和近一周收益等，清晰明了，如图1-32所示，还能够随时查看7日年化收益率走势图，如图1-33所示。

■ 图1-32　余额宝的主界面

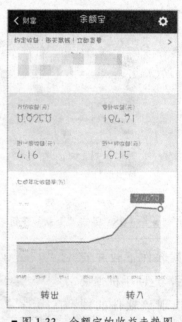

■ 图1-33　余额宝的收益走势图

理财通是腾讯财付通与多家金融机构合作，为用户提供多样化理财服务的平台。在理财通平台，金融机构作为金融产品的提供方，负责金融产品的结构设计和资产运作，为用户提供账户开立、账户登记、产品买入、收益分配、产品取出、份额查询等服务，同时严格按照相关法律法规，以诚实信用、谨慎勤勉的原则管理和运用资产，保障用户的合法权益。理财通的主界面显示了7日年化收益率，如图1-34所示。理财通的走势图也随时能够查看，如图1-35所示。

■ 图1-34　理财通的
具体收益情况

■ 图1-35　理财通的
收益走势图

　　理财从记账开始，一生能够积累多少财富，不取决于能够赚多少钱，而取决于是否会投资理财，因此，投资者必须善于记账，对自己的财务状态进行整理和规划，使账目一目了然，才能在此基础上进行投资理财。记账APP的基本功能是记账，比较主流的记账软件有口袋记账（如图1-36所示）、随手记（如图1-37所示）等。

■ 图1-36　口袋记账

■ 图1-37　随手记

　　用户可通过查看账单，了解自己实际的资金与所记录是否一致，若有不一致处，可尽早发现问题所在。其实手机记账APP的功能远不止上述几方面，许多软件还支持语音记账、制作预算、购买理财产品等功能，用户可根据自己的需求或喜好，选择带有某些特定功能的软件。

011 手机资料管理——备份助手

无论是因为用户自己还是因为其他原因，不小心将自己手机里的重要资料删除后，都只能后悔莫及。若用户提前将自己手机内的资料进行备份，则可避免这样的事情发生。备份助手就是一款不错的备用软件，其具体使用方法如下。

（1）进入软件后，点击"功能"按钮，如图1-38所示。

（2）选择需要备份的内容后，点击"短信备份"按钮，如图1-39所示。

 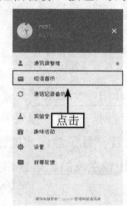

■ 图1-38 点击"功能"按钮　■ 图1-39 点击"短信备份"按钮

（3）点击"备份到网络"按钮，如图1-40所示。

（4）备份过程中会显示进度条，用户要耐心等待，如图1-41所示。

（5）点击"恢复到本机"按钮，如图1-42所示。

■ 图1-40 点击"备份　■ 图1-41 备份进度　■ 图1-42 点击"恢
　到网络"按钮　　　　　　　　　　　　复到本机"按钮

012 手机理财安全细节要知道

移动支付是随着移动通信技术迅猛发展而新出现的一种支付渠道，同时因为电子银行软件登录了移动平台，银行转账等操作不用再专门到银行网点操作，大大方便了人们的生活。

在移动支付领域里没有绝对的安全，安全是相对的，而且到目前为止，所有简单、方便的移动支付都以牺牲安全为代价，所以要保管好手机，注意如图1-43所示的注意事项。

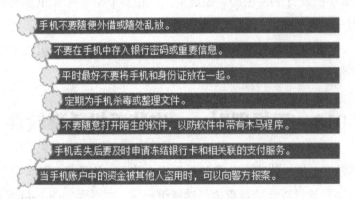

手机不要随便外借或随处乱放。

不要在手机中存入银行密码或重要信息。

平时最好不要将手机和身份证放在一起。

定期为手机杀毒或整理文件。

不要随意打开陌生的软件，以防软件中带有木马程序。

手机丢失后要及时申请冻结银行卡和相关联的支付服务。

当手机账户中的资金被其他人盗用时，可以向警方报案。

■ 图1-43 手机防护的注意事项

如今，手机对大家的帮助越来越多，除了常规的转账、查询、理财等功能外，还为用户提供购买电影票和彩票、手机充值、缴纳交通罚款以及团购等诸多生活类功能，弹指之间，理财、生活、工作都可以轻松搞定。

但很多用户也会有这样的顾虑：万一手机丢了，那手机上的账户信息就极有可能暴露。不过，只要用户使用习惯良好，安全问题就没有必要过多担心。

（1）有些手机银行有超时退出功能，而有的没有，针对这一点，用户要特别留意。当然，不管有没有超时退出功能，手机银行或者理财APP使用完毕，都应立即退出。另外，用户每次使用手机银行或者理财APP后，要及时清除手机内存中临时存储的账户、密码等信息，避免信息外泄。

（2）用户在开通手机银行时，一定要使用官方发布的手机银行客户端，同时确认签约绑定的是自己的手机。

（3）用户可以根据每天或每周的转账金额设立合适的额度，如果只是小额支付，可以把转账金额设定得少一些。

（4）手机理财类 APP 大都配有密码防护，应尽量为支付账户设置单独的、高安全级别的密码。

（5）当用户发现手机无故停机或无法使用等情况，要第一时间向运营商查询原因，以免错过理财的时期。

（6）当用户更换了手机号时，要及时将旧手机号与网银等理财账户解除绑定；如果手机丢失，还要第一时间冻结手机理财功能，避免造成经济损失。

（7）给手机设置 PIN 密码、锁屏密码，相当于在理财 APP 的外围增加了一道防护，万一手机丢失，得到的人也很难马上解锁手机。

（8）安装相关手机管家软件，开启手机防盗功能，当手机丢失后可以第一时间发指令清空手机数据，以免他人登录手机银行。

013　手机理财——安装手机杀毒软件

360 手机卫士是一款完全免费的手机安全软件，集手机加速、防骚扰电话、流量监控、节电管理以及病毒查杀等功能于一身，主界面如图 1-44 所示。

使用 360 手机卫士可以全面扫描手机中已安装的软件，查看安全级别和软件详情，对未知软件进行联网云查杀。360 手机卫士还详细列出恶意软件的威胁行为，提供关闭或卸载功能，对难以正常卸载的软件进行强力卸载。

在 360 手机卫士主界面中点击"手机杀毒"按钮进入杀毒界面，如图 1-45 所示，可以执行快速扫描、全盘扫描和主动防御等功能。

■ 图 1-44　360 手机卫士　　■ 图 1-45　"手机杀毒"界面

点击"快速扫描"按钮，即可扫描内存中的程序，如图1-46所示，点击"系统漏洞修复"按钮，会自动检测手机里存在的系统安全漏洞，点击"一键修复"按钮即可快速修复这些漏洞，如图1-47所示。

■ 图1-46　快速扫描　　　　　■ 图1-47　系统漏洞修复

360手机卫士推出手机支付保镖功能，如图1-48所示。支付保镖功能独有"七重防护盾"安全解决方案，包括查杀盗版支付软件、支付短信保镖、上网保镖、WiFi钓鱼及安全检测、手机卫士安全服务、软件安装实时监控等7大立体支付防护体系。在首页界面中，用户还可以选择"流量监控"功能，时刻掌握流量使用情况，如图1-49所示。

■ 图1-48　手机支付保镖功能　　■ 图1-49　"流量监控"界面

第2章

手机钱包——把现金装进手机

学前提示

随着智能手机的普及，手机钱包成为日常生活中吃穿住行支付的一个重要方式，方便快捷的移动互联网让手机更好地服务于生活，本章将重点介绍如何将手机变成钱包，把现金装进手机，使手机支付更加多样化。

要点展示

手机钱包——支付宝
手机钱包——财付通
手机钱包——微信
手机支付——话费缴纳
手机支付——买电影票

014 手机钱包——支付宝

支付宝是第三方支付平台，功能更倾向于成为用户的"钱包"。用户可以通过支付宝还信用卡、转账、付款、收款、缴费以及充话费和管理卡券，是手机理财软件中功能比较全面的一款。本节主要介绍支付宝的常用功能。

1. 注册支付宝

支付宝是需要注册后才能使用的，进入软件后点击"注册"按钮，按照提示流程即可完成注册。对已有淘宝账户的用户，也可以直接使用淘宝账户登录，在登录界面点击"其它登录方式"按钮即可，如图 2-1 所示。

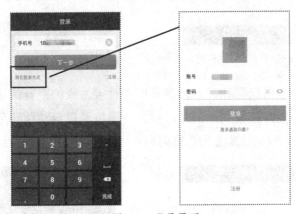

■ 图 2-1 登录界面

> **专家提醒**
>
> 因为支付宝与淘宝网都是阿里巴巴集团旗下的子公司，所以支付宝与淘宝账号是通用的。也就是说，用户的支付宝账户不仅可以用来登录支付宝，还可以用来登录淘宝网；用户的淘宝账户不仅可以用来登录淘宝网，还可以用来登录支付宝。但从安全的角度出发，用户还是分开注册、使用比较好。

2. 当面付

如果付款与收款双方是面对面交易，且都有支付宝账户，那么可以使用支付宝的当面支付功能。

用户在支付宝主界面向右滑动手机屏幕，即可进入当面支付界面，如图2-2所示。收款方选择"收钱"后，手机界面会显示收款的二维码，并且手机听筒会打开，感应付款方的声音信号，如图2-3所示。

■ 图2-2　支付界面

■ 图2-3　"当面收"界面

付款方选择"付钱"后，手机会发出支付宝生成的声音信号，只要收款方进入"收钱"功能并接收到该信号，付款方手机即可自动跳转至支付界面，如图2-4所示。或者扫描收款方的二维码也可以跳转至支付界面，如图2-5所示。

■ 图2-4　"当面付"界面

■ 图2-5　扫描二维码

付款方手机跳转至支付界面后，直接填写转账金额并点击"确认信息"按钮即可，如图2-6所示。选择付款的银行卡，确认信息无误后点击"确认付款"按钮即可完成当面支付，如图2-7所示。

■ 图 2-6　点击"确认信息"按钮　　　■ 图 2-7　点击"确认付款"按钮

　　支付宝对用户绑定的银行卡采用"快捷支付"功能，快捷支付指用户购买商品时不需开通网银，只需提供银行卡卡号、户名、手机号码等信息，银行验证手机号码正确性后，支付宝发送手机动态口令到用户手机号上，用户输入正确的手机动态口令即可完成支付。

　　快捷支付可以让用户在未开通网银功能的情况下，在支付宝上转出银行卡中资金，因此从理财安全的角度出发，用户绑定支付宝的银行卡内不应该存放太多的资金。

015　手机钱包——财付通

　　财付通是腾讯旗下的支付平台，与手机 QQ 相关联，手机 QQ 的流行让财付通也成为日常生活的重要支付方式，下面介绍如何注册财付通，让财付通变成手机钱包，并进行支付。

1. 注册财付通

用户下载财付通软件后，即可开始注册，由于财付通是和QQ账号关联的，用户输入QQ账号和密码即可注册并绑定财付通，如图2-8所示。

■ 图2-8　财付通登录界面

2. 用财付通充值Q币

（1）登录财付通首页，点击"充Q币Q点"按钮，如图2-9所示。

（2）选择充值数量，点击"确认充值，去付款"按钮并付款即可完成手机充值Q币服务，如图2-10所示。

■ 图2-9　选择Q币充值

■ 图2-10　确认充值并付款

值得注意的是，财付通是和QQ账号捆绑在一起的，千万要区分开两个平台的密码，QQ的登录密码不是财付通的支付密码，而是单独设置的，不能混淆。

016　手机钱包——微信

微信不仅是一种社交工具，目前更是一种理财工具，其支付功能也很强大。绑定银行卡快捷支付，可使日常生活手机付款变得方便、快捷。本节将介绍如何注册绑定微信银行卡，将微信变成手机钱包，以及怎样用微信进行支付。

1. 绑定微信银行卡

与支付宝类似，微信支付也是一种快捷支付的方式，用户必须先给自己的账户绑定一张银行卡。

（1）在"我"界面点击"我的银行卡"按钮，如图2-11所示。

（2）点击"添加银行卡"按钮，如图2-12所示。

■ 图2-11　点击"我的银行卡"按钮　　■ 图2-12　点击"添加银行卡"按钮

（3）输入需绑定的银行卡号并点击"下一步"按钮，如图2-13所示。

（4）输入银行卡的信息并点击"下一步"按钮，如图2-14所示。

■ 图2-13　点击"下一步"按钮　　■ 图2-14　点击"下一步"按钮

（5）输入手机验证码并点击"下一步"按钮，如图 2-15 所示。

（6）设置 6 位数字微信支付密码，如图 2-16 所示。支付密码应输入两次，且两次输入的密码应该一致。

■ 图 2-15　输入手机验证码

■ 图 2-16　设置支付密码

与其他支付软件不同的是，微信支付只能设置 6 位数字的支付密码，相对于多位的数字和字母组合密码，其被破解的可能性更大，因此，用户的密码一定不能"有迹可循"，如设置成身份证里的数字、银行卡上的数字都是不安全的。

2. 微信扫码付款

对于支持微信支付的网购平台，用户可以使用微信进行扫码付款。以腾讯旗下的网购平台易迅网为例，微信支付的具体方式如下。

（1）在电脑中提交订单，并在付款界面选择"支付平台"|"微信支付"选项后，单击"确认支付方式"按钮，如图 2-17 所示。确认订单信息无误后单击"立即付款"按钮，如图 2-18 所示。

■ 图 2-17　提交订单

■ 图 2-18　单击"立即付款"按钮

（2）网页生成微信付款的二维码，如图 2-19 所示。

（3）用户打开微信的"扫一扫"功能，将摄像头对准二维码，如图 2-20 所示。

■ 图 2-19　生成二维码

■ 图 2-20　扫描二维码

（4）手机扫描二维码后跳转至"微信安全支付"界面后，点击"立即支付"按钮，如图 2-21 所示。

（5）输入密码后点击"立即支付"按钮，完成扫码支付，如图 2-22 所示。

■ 图 2-21 "微信安全支付"界面

■ 图 2-22 点击"立即支付"按钮

017 手机钱包——银行 APP

银行与日常生活息息相关，手机银行越来越普及，很多人会选择用手机银行转账、汇款、交费等，非常方便、快捷。这里以中国建设银行的手机银行为例，介绍如何使用手机银行，步骤如下。

打开建设银行 APP，进入主页界面，点击"登录"按钮，如图 2-23 所示。输入自己的身份证号码和密码，以此来登录手机银行，输入完毕，再点击"登录"按钮，如图 2-24 所示。

■ 图 2-23 点击"登录"按钮

■ 图 2-24 输入登录信息

用建设银行 APP 进行支付，非常快捷、方便，可以进行多类生活缴费，这里以缴纳话费为例，操作方式如下。

（1）打开建设银行 APP，进入主页界面，如图 2-25 所示。

（2）点击"悦生活"按钮，如图 2-26 所示。

■ 图 2-25 打开建设银行 APP

■ 图 2-26 点击"悦生活"按钮

（3）点击"生活缴费"按钮，如图 2-27 所示。

（4）点击"全国话费充值"按钮，如图 2-28 所示。

■ 图 2-27 点击"生活缴费"按钮

■ 图 2-28 点击"全国话费充值"按钮

（5）在"全国话费充值"页面输入手机号码和充值金额，如图 2-29 所示。

（6）确认充值信息，点击"确认"按钮即可完成充值，如图 2-30 所示。

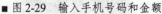

■ 图 2-29　输入手机号码和金额　　　　■ 图 2-30　确认充值

　　手机银行 APP 方便快捷，利于用户查询信息，付款汇款。依照工商银行 APP 的操作方法也可以完成其他手机银行的网上应用。如建设银行、交通银行、邮政储蓄银行等手机 APP 都可以下载到手机里。

018　手机支付——淘宝购物

　　前面介绍了 4 种手机钱包的用法，接下来介绍如何用这些钱包完成各项支付，本节介绍如何用手机完成网上支付，这里以在淘宝购物为例进行讲解。

　　淘宝网是亚洲第一大综合网络购物平台，淘宝商城整合数千家品牌商家，提供 100% 品质保证的商品，7 天无理由退货的售后服务，购物积分返现以及送货上门等优质服务。用户在该平台购物时挑选的余地也比较大，可以进行较多对比。如果用户使用手机 APP 登录淘宝网，则可以随时随地掌上逛遍商业街，相比在电脑前购物更加方便。

1. 用户注册与登录

　　在淘宝网进行购物是一定要注册账号的，其注册与登录流程如下：

　　（1）进入软件后，点击"我的淘宝"按钮，如图 2-31 所示。

（2）点击"注册"按钮，如图 2-32 所示。

■ 图 2-31　点击"我的淘宝"按钮　　　■ 图 2-32　点击"注册"按钮

（3）输入手机号码和验证码后，点击"下一步"按钮，如图 2-33 所示。

（4）软件提示用户查看手机短信，并输入短信中的验证码，点击"下一步"按钮，即可完成注册，如图 2-34 所示。

■ 图 2-33　点击"下一步"按钮　　　■ 图 2-34　完成注册

2. 用淘宝购买服饰

（1）打开淘宝首页，点击"分类"按钮，即可显示分类信息，如图 2-35 所示。

（2）类目页面出现后，选择"新品连衣裙"，如图 2-36 所示。

■ 图 2-35 打开淘宝首页　　■ 图 2-36 点击"新品连衣裙"按钮

（3）在"连衣裙"界面点击一个服饰，如图 2-37 所示。

（4）显示商品信息，点击"立即购买"按钮，如图 2-38 所示。

■ 图 2-37 点击商品　　　　■ 图 2-38 购买页面

（5）显示订单，输入收货人信息，如姓名、手机号码、地址，选择购买数量、配送方式，最后点击"确认"按钮，如图 2-39 所示。

（6）显示付款界面，输入支付宝密码，点击"付款"按钮，如图 2-40 所示。

■ 图2-39 确认付款信息

■ 图2-40 支付宝付款

也有一些店铺为了"刷信誉"，使用同一账号、许多小号购买自家商品。用户可以通过评价账户ID、评价风格等方面，判断评价做真伪。

019 手机支付——话费缴纳

话费是日常生活支付的重要费用之一，手机进行话费缴纳，随时随地移动支付，手机再也不会长时间欠费，用户不用出门缴费，即充即时到账，操作非常方便。本节将介绍如何在手机上用支付宝支付话费，其流程如下：

（1）进入支付宝后，点击"手机充值"选项按钮，如图2-41所示。

（2）设置需要充值的手机号码以及充值金额并点击"立即充值"按钮，如图2-42所示。

（3）若支付宝账户金额不足以付费，用户可以选择使用银行卡进行快捷支付，如图2-43所示。

■ 图2-41 点击"手机充值"按钮

■ 图2-42 点击"立即充值"按钮

（4）输入支付密码后，点击"付款"按钮，如图 2-44 所示。

■ 图 2-43　银行卡快捷支付　　　■ 图 2-44　点击"付款"按钮

（5）付款成功后，支付宝会提示用户话费到账时间，如图 2-45 所示。

（6）经测试，使用支付宝支付话费 1 分钟左右话费即可到账，并有短信提示，如图 2-46 所示。

■ 图 2-45　付款成功　　　■ 图 2-46　短信提示

用户需要注意的是，支付宝会默认开启小额免密支付功能，即当用户使用手机付款时，每日付款数小于某一金额（一般是 200 元），则无需输入支付宝的支付密码。用户也可以取消该功能，在"安全"选项中找到对应设置并关闭即可。

用支付宝缴纳话费，实际上是在淘宝网店铺中进行虚拟缴费充值，但是比用户去淘宝网购买充值卡更为方便。在价格方面，网上店铺或许更优惠。

020 手机支付——的士付费

出租车是日常生活中非常重要的一种交通出行工具，可是打车难、打车贵却成了一道难题，而打车软件恰好可以解决这个问题。本节以快的打车 APP 为例介绍如何使用打车软件叫车并付费，其流程如下：

（1）进入软件后，点击"现在用车"按钮，如图 2-47 所示。

（2）用户可选择"文字叫车"或"语音叫车"选项，这里选择"文字叫车"选项，如图 2-48 所示。

■ 图 2-47　点击"现在用车"按钮　■ 图 2-48　选择"文字叫车"选项

（3）输入目的地并点击"搜索"按钮，如图 2-49 所示。

（4）进入"信息确认"界面，确认信息无误后点击"呼叫出租车"按钮即可，如图 2-50 所示。

■ 图 2-49　点击"搜索"按钮　■ 图 2-50　点击"呼叫出租车"按钮

（5）准备上车，确认地址，如图 2-51 所示。

（6）车抵达终点后，显示乘车费用，进行支付宝付款，如图 2-52 所示。

（7）提示支付成功，即完成支付，如图 2-53 所示。

■ 图 2-51 选择支付

■ 图 2-52 确认付款

■ 图 2-53 付款成功

021 手机支付——买火车票

许多用户出门旅游时，常常无法马上确定下一处目的地或回程的时间。对于手里没票的朋友而言，可能无法尽情游玩，还需要担忧能不能买到票这样的问题。本节以 12306 APP 为例，讲解如何使用手机购买火车票，其具体使用方法如下：

（1）进入软件后点击"单程"或"返程"按钮，点击"出发地"按钮，设置出发地，如图 2-54 所示。

（2）输入城市名称，并点击相应车站按钮，如图 2-55 所示。

■ 图 2-54 设置出发地

■ 图 2-55 输入出发地

（3）点击"目的地"按钮设置目的地，如图 2-56 所示。

（4）确定日期、席别等信息后点击"查询"按钮，如图 2-57 所示。

　■ 图 2-56　设置目的地　　　■ 图 2-57　点击"查询"按钮

（5）选择适合的车次并点击，如图 2-58 所示。

（6）输入用户名或密码，点击"登录"按钮，如图 2-59 所示。没有账户的用户可以先进行注册，具体步骤可按照软件提示操作。

　■ 图 2-58　选择车次　　　　■ 图 2-59　账户登录

（7）点击"添加乘客"按钮，如图 2-60 所示。

（8）选择乘客后点击"确认选择"按钮即可，若用户需要添加乘客，则点击"添加"按钮，如图 2-61 所示。

■ 图 2-60　点击"添加乘客"按钮　　■ 图 2-61　点击"添加"按钮

（9）输入乘客信息后点击"完成"按钮，如图 2-62 所示。

（10）添加乘客后，用户应选择席别、输入验证码，之后点击"提交订单"按钮，在"确认支付"界面点击"立即支付"按钮，如图 2-63 所示，在规定时间内支付即可完成购票。

■ 图 2-62　点击"完成"按钮　　　■ 图 2-63　点击"立即支付"按钮

022　手机支付——购买机票

出行坐飞机是不错的选择，机票价格不便宜，所以更要选择安全可靠的方式来购买，下面介绍在携程 APP 中用手机购买机票，订购流程如下：

（1）选择起始城市、出发时间等信息并点击"搜索"按钮，如图2-64所示。

（2）选择航班并点击即可自动跳转到下一个界面，如图2-65所示。

■ 图2-64　点击"搜索"按钮

■ 图2-65　选择航班

（3）点击"商务优选"右侧的"预订"按钮，如图2-66所示。

（4）点击"乘机人"按钮，如图2-67所示。

■ 图2-66　点击"预订"按钮

■ 图2-67　点击"乘机人"按钮

（5）选择保险套餐，点击如图2-68所示的开关按钮，变成绿色表示该功能开启。

（6）确认信息无误后点击"去支付"按钮，如图2-69所示。

■ 图 2-68　点击保险按钮　　　■ 图 2-69　点击"去支付"按钮

（7）进入"支付方式"界面，点击"微信支付"按钮，如图 2-70 所示。

（8）在"确认交易"界面点击"使用银行卡支付"按钮并付款，即可完成机票订购，如图 2-71 所示。

■ 图 2-70　点击"微信支付"按钮　　　■ 图 2-71　完成机票订购

专家提醒

　　通常来说，买机票宜早不宜迟，选在工作日出行要比周末或者节假日便宜得多，当然用户要看准再下单，因为特价机票是不能退全款的，购买时要格外仔细地核对信息，携程网的机票出票速度也很快，非常方便。

023 手机支付——预订酒店

日常出行，免不了要在外过夜，提前预订酒店很重要，尤其是出行高峰期，酒店可能会满房，用手机预订酒店可以避免到店没房的情况，方便日常生活。

艺龙旅行是操作非常方便的 APP，而且包含的酒店非常多，便于用户选择，而且"艺龙旅行"的折扣非常多，手机客户端的优惠也比电脑网页中更多。

本节以艺龙旅行 APP 为例介绍如何用手机预订酒店，其流程如下：

（1）打开艺龙旅行 APP，显示艺龙旅行首页界面，点击"我的"按钮，如图 2-72 所示，显示注册界面，点击"登录注册"按钮，如图 2-73 所示。

■ 图 2-72 点击"我的"按钮　　■ 图 2-73 点击"登录注册"按钮

（2）注册艺龙账号，输入手机号码、登录密码和获取的验证码，如图 2-74 所示。

（3）注册完成，点击"注册并登录"按钮，登录艺龙旅行账户，如图 2-75 所示。

■ 图 2-74 注册账号　　　　■ 图 2-75 登录艺龙旅行

（4）显示酒店浏览界面，选择要入住的酒店，如图 2-76 所示。

（5）显示订单界面，选择房型，点击"订"按钮，如图 2-77 所示。

■ 图 2-76 选择入住酒店

■ 图 2-77 点击"订"按钮

（6）显示订单填写界面，选择房间保留时间，添加房间入住人姓名，输入手机号码，提交订单，如图 2-78 所示。

（7）显示订单成功界面，订单已提交，如图 2-79 所示。

■ 图 2-78 填写并提交订单

■ 图 2-79 订单成功

　　艺龙无线是艺龙旅行网专为智能手机用户打造的一款可以随时随地查询、预订国内酒店、机票的手机客户端，集合手机 LBS 功能，能够让用户轻松查找"周边酒店"，内置 Google 地图，让选择酒店变得更加直观便捷。用户查询酒店和机票，只需 3 秒便可完成，在弹指间充分享受旅途的快乐。

024　手机支付——旅游出行

　　旅游作为第三产业，对日常生活的影响越来越大，生活的快节奏使得旅游变得日益重要，本节将介绍如何用手机购买景点门票，让出行更加简单、便捷。旅游支付以去哪儿网 APP 为例，其用法如下：

　　（1）进入软件后，点击"门票"按钮，如图 2-80 所示。

　　（2）选择或输入景点所在城市，如图 2-81 所示。

■ 图 2-80　点击"门票"按钮

■ 图 2-81　选择景点所在城市

　　（3）选择需要游览的景区并点击，如图 2-82 所示。

　　（4）选择需要购买的景区门票并点击，如图 2-83 所示。

■ 图 2-82　选择景区

■ 图 2-83　选择门票

（5）点击"预订"按钮即可预订景区门票，如图 2-84 所示。

（6）进入"订单填写"界面，设置"游玩日期""购票数量"等信息，点击"提交订单"按钮，如图 2-85 所示，按照提示完成支付即可。

■ 图 2-84　点击"预订"按钮　　　■ 图 2-85　点击"提交订单"按钮

　　旅游离不开景点门票的购买，通常在景点买门票，除了学生证、老年证、残疾证等特殊的证件能够打折以外是基本没有优惠的，然而在手机软件上买是有很多折扣的，去哪儿网就能提供这样贴心的服务，有多类景点门票供用户选择。

025　手机支付——买电影票

随着电影院的普及，看电影不再是一件奢侈的事情，有时间就可以去电影院看看电影，用手机购买电影票不仅方便，而且比在电影院购买要实惠得多，手机支付大大方便了电影票的购买。本节以在团 800 上购买电影票为例介绍手机支付电影票的功能。

具体操作流程如下：

（1）进入软件后，可以查看所在城市当前热映的影片，如图 2-86 所示。

（2）点击影片即可查看详情，再点击"购买"按钮，如图 2-87 所示。

■ 图2-86 查看热映影片　　　■ 图2-87 点击"购买"按钮

（3）选择购买团购券，如图2-88所示。

（4）输入手机号，选择支付方式，立即购买，如图2-89所示。

■ 图2-88 选择团购券　　　■ 图2-89 立即购买

　　与一般的团购导航网站不同，团800还提供了团购点评、团购到期提醒、团购地图、二手转让、电影频道、旅游频道等多项辅助功能，从而进一步丰富了产品，团800也因此成了网民团购前的重要参考。从全球知名第三方流量统计网站Alexa的数据来看，团800网站上线后迅速发展成为国内独立团购导航网站中的领先者，并持续高速发展。

026 手机支付——购买礼物

买礼物是每个人都会经历的事情，亲朋好友生日需要买礼物，逢年过节也要买礼物，中国人崇尚礼尚往来，礼物代表着最诚挚的心意，可是买礼物却是让人头疼的一件事情，本节以礼物说 APP 为例介绍如何用手机购买创意礼物，买礼物再也不用愁。

礼物说有穿搭、礼物、美护、美食、鞋包、娱乐等板块，如图 2-90 所示。选择礼物说 APP 主界面上的创意礼物推荐主题，进入"攻略详情"界面，用户可以在此选择多种同类型的礼物，点击"查看详情"按钮，如图 2-91 所示。

■ 图 2-90　礼物说 APP 主界面　　■ 图 2-91　点击"查看详情"按钮

显示"商品详情"界面，用户可以进一步了解礼物的功能，确认以后点击"去天猫购买"按钮，如图 2-92 所示。弹出天猫的支付界面，点击"立即购买"按钮，如图 2-93 所示。支付流程前几节已演示，不再赘述。

■ 图 2-92　商品详情　　　　■ 图 2-93　点击"立即购买"按钮

M OBILE
M ONEY
HANDBOOK

第 3 章

手机理财——如何用手机省钱

学前提示

生活中有很多理财的小窍门，利用手机来支付费用既可以省钱又方便快捷，还可以帮用户养成节约的理财好习惯。本章将重点介绍如何利用手机理财工具省钱，便利生活。

要点展示

手机省钱——随时随地叫外卖
手机省钱——随时随地学做菜
手机省钱——随时随地租房子
手机省钱——免费学外语
手机省钱——免费打电话

027 手机省钱——随时随地叫外卖

快节奏的生活，使人们经常来不及在家做饭，消费者越来越愿意选择外卖送餐这样方便的形式，既快捷，又实惠，不用自己出门买菜，也不必绞尽脑汁地想菜单，使用手机点外卖，可以定位附近外卖餐厅，有多种口味可供选择，非常便利。本节将以淘点点 APP 为例介绍如何用手机叫外卖。打开淘点点 APP 首页，如图 3-1 所示。选择外卖，点击外卖餐厅，如图 3-2 所示。添加配送地址，输入收货人、手机号、城市以及具体位置，如图 3-3 所示。淘点点还支持在门店扫码支付，方便又快捷，如图 3-4 所示。

■ 图 3-1 打开淘点点 APP 首页

■ 图 3-2 选择外卖

■ 图 3-3 输入信息

■ 图 3-4 扫码买单

叫外卖方便又快捷，用户在使用淘点点订餐时，要注意多预留一点时间，因为在订餐以后需要餐厅在线确认才能送餐，如果餐厅没有及时确认，等待的时间过长，用户也可以拨打餐厅电话进行沟通，以便外卖及时送达。也可以把自己的饮食口味传达给餐厅服务人员，享受更好的外卖服务。

028 手机省钱——随时随地学做菜

俗话说"民以食为天"，没有任何人会拒绝更好、更健康、更实惠的饮食指南。使用手机软件可以让用户学习各种美食的制作，更实惠还能提高厨艺。本节将以网上厨房 APP 为例介绍如何使用手机软件随时随地学做菜，自成烹饪高手。

进入软件后，有"最近流行""最新菜谱"等板块供用户查看。这里以查看最新菜谱为例，为用户讲解具体查看步骤。

（1）在软件主界面点击"最新菜谱"按钮，如图 3-5 所示。

（2）系统会显示其他用户最新上传的菜式，如图 3-6 所示。

■ 图 3-5 点击"最新菜谱"按钮

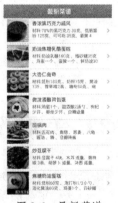

■ 图 3-6 最新菜谱

（3）点击任意菜谱即可查看详情，如图 3-7 所示。

（4）向上滑动手机屏幕即可查看该菜谱的原料、做法等信息，如图 3-8 所示。

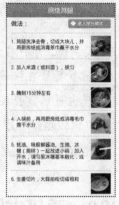

■ 图 3-7　查看详情　　　　　　　■ 图 3-8　滑动屏幕

　　用户也可以发表自己做的菜，在主界面上点击"发表"按钮，并按照其流程操作即可。不过发表菜谱需要注册，用户也可以使用 QQ、"腾讯微博"账号进行登录。在网上厨房 APP 里，不仅可以看到别人的菜谱，也可以上传自己的菜谱，及时分享，活学活用，有助于厨艺的提高。

　　做饭是一项生存技能，如何提高饭菜的美味程度，还要好好研究，网上厨房 APP 非常适合休息时在家练习，注意菜谱上的每个步骤和环节，一定要看仔细，先按照菜谱一步步操作，等自己熟练以后就可以按照自己的习惯和喜好来做菜了。

029　手机省钱——随时随地租房子

　　在房价日渐上涨的今天，买房压力很大，不少人选择租房子，其实这也是个不错的选择，既可以减轻生活的负担，也可以拥有自己的空间，是一个非常省钱的生活方式。本节将以搜房网 APP 为例介绍如何使用手机软件租房子。

　　（1）打开搜房网首页，界面显示买新房、买二手房、找租房等，点击"找租房"按钮，如图 3-9 所示。

（2）浏览图文，找到满意的房型即可进行收藏，要先选择合适的房型，如图 3-10 所示。

（3）浏览房源信息，阅读住房条件，合适即可拨打户主电话，联系租房事宜，如图 3-11 所示。

■ 图 3-9 点击"找租房"按钮

■ 图 3-10 选择房型

■ 图 3-11 联系户主

　　搜房网 APP 运用大数据为客户服务，其中，猜你喜欢功能可根据用户关注的业务推荐楼盘或房源，更可定制楼盘喜好；潜客推荐功能可根据用户关注的房源，置业顾问或经纪人推荐相应房源；智能推送功能可根据用户关注的区域、商圈、价格区间等推荐店商楼盘。

030　手机省钱——随时随地找工作

　　找工作是每个人进入社会的头等大事，对于想要换工作的人来说也很重要。随着移动技术的发展，可不用在报纸上苦找，也不用东奔西跑地看墙上的小广告，用手机即可随时随地查询工作信息，随时投递简历，也能比较迅速地得到公司回复，顺利找工作。

　　以 58 同城 APP 为例，其步骤如下：

（1）在主界面点击"全职招聘"或"兼职招聘"按钮，如图 3-12 所示。

（2）选择或搜索需要的职位，如图 3-13 所示。

（3）在招聘信息中挑选合适的，或设置附加条件进行筛选，如图 3-14 所示。

■ 图 3-12 点击"全
职招聘"按钮

■ 图 3-13 选择职位

■ 图 3-14 设置附加条件

（4）点击任意信息查看详情，用户可以直接投递简历，点击"申请职位"
按钮即可，或进行电话联系，如图 3-15 所示。

（5）如果用户没有简历，则需要临时创建一份，进入"个人中心"|"我的
招聘"界面创建简历，在"创建简历"界面填写姓名、学历和手机号码等信息，
如图 3-16 所示。

（6）简历创建后，用户可以更加完善自己的简历，之后点击"保存"按钮即可，
如图 3-17 所示。

■ 图 3-15 点击"申
请职位"按钮

■ 图 3-16 创建简历

■ 图 3-17 点击"保
存"按钮

031　手机省钱——随时随地旅游通

景点通有详细的景区导游功能，用户查看景区时，可以点击界面下方的"下载景区导游"按钮，如图 3-18 所示。等待其下载完成即可，点击"景区导游"按钮，使用导游功能，如图 3-19 所示。不过用户要注意，该下载会消耗较多流量，应在有 WiFi 的情况下使用。

■ 图 3-18　点击"下载景区导游"按钮　　■ 图 3-19　等待下载完成

景区导游下载完毕后，即可使用景点通开始导游，其步骤如下：

（1）进入软件后，点击"按钮"图标，如图 3-20 所示。

（2）点击"我的景区"按钮，如图 3-21 所示。

■ 图 3-20　点击"按钮"图标　　■ 图 3-21　点击"我的景区"按钮

（3）用户所下载的"景区导游"内容都会保存至此，点击需要查看的景区，如图 3-22 所示。

（4）点击"景区导游"按钮，如图 3-23 所示，即可查看景区相关介绍。

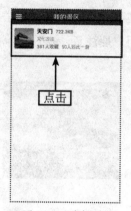

■ 图 3-22　选择景区　　　　■ 图 3-23　点击"景区导游"按钮

032　手机省钱——随时随地预约挂号

对于需要去某些医院就医的用户，工商银行的手机银行还提供挂号的服务。特别是需要去异地就医的用户，使用该功能会节省大量的时间，其具体使用方法如下：

（1）在"移动生活"界面点击"银医服务"按钮，如图 3-24 所示。

（2）进入"银医服务"界面后，点击"预约挂号"按钮，如图 3-25 所示。

■ 图 3-24　点击"银医服务"按钮　　　　■ 图 3-25　点击"预约挂号"按钮

（3）选择要挂号的医院，如图 3-26 所示。若用户第一次在所选医院挂号，则需与该医院进行签约（即注册），点击界面下方"签约"按钮，如图 3-27 所示。

■ 图 3-26　选择医院　　　■ 图 3-27　点击"签约"按钮

（4）查看医院详情后点击"下一步"按钮，如图 3-28 所示。

（5）查看业务须知后点击"同意"按钮，如图 3-29 所示。

■ 图 3-28　点击"下一
步"按钮

■ 图 3-29　点击"同意"
按钮

（6）软件会自动生成用户信息，输入亲属手机号后，点击"下一步"按钮，如图 3-30 所示。

（7）确认要挂号医院的信息，输入动态密码并点击"确定"按钮完成预约，如图 3-31 所示。

■ 图3-30 点击"下一步"按钮　　■ 图3-31 输入动态密码

专家提醒

　　去医院看病，尤其是去大医院，挂号排队的时间往往很长，这会让人心情烦躁，严重的话甚至会耽误病情，用手机在网上预约挂号极大地便利了生活，节省了很多时间，更加方便、快捷。

033　手机省钱——免费学外语

　　学好一门外语有助于综合能力的提升，能够更好地应对国际化的世界，但因为学习外语的费用较高，很多人便打消了这个念头，如今互联网越来越发达，使用智能手机便可以轻松学习外语，并且是免费的，何乐不为呢？本节将以韩文101 APP为例介绍如何用手机学习外语。

　　韩文101是一款免费的韩语学习手机软件，其具体使用方法如下：

　　（1）进入软件后，用户可选择字母学习、音节学习、字表学习和测验等功能，如图3-32所示。

　　（2）在主界面点击"字母"或"音节"按钮进入系统学习，点击"喇叭"图标以播放发音，滑动屏幕可以翻页，如图3-33所示。

 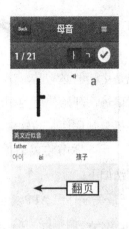

■ 图 3-32　韩文 101 主界面　　　■ 图 3-33　"母音"界面

（3）在主界面点击"字表"按钮即可进入字母表一览，可以看到非常全面的字母表，如图 3-34 所示。

（4）若用户需要测试，可在主界面点击"选择"按钮，并选择所需测试的内容，如图 3-35 所示。

■ 图 3-34　字母表一览　　　■ 图 3-35　选择测试内容

　　韩语共有 40 个字母，韩文 101 APP 有免费的音频发音，还有测验系统，图表显示学习的测验结果，并且在应用程序中购买套餐还有优惠。

034　手机省钱——免费证件照

证件照也是生活的必需品，然而很多人抱怨证件照实在是不怎么好看，现在照相馆也与时俱进，开始使用美颜证件照，但是价格翻了好几倍，并不划算，于是开发出了手机自制证件照的软件，可以美颜，还可以设置背景、一键换装，非常新颖，也很实用。本节将以最美证件照 APP 为例介绍如何用手机自制免费证件照。具体方法如下：

（1）打开最美证件照 APP，点击"拍照"按钮，如图 3-36 所示。

（2）对准镜头，调整好到墙面的距离，如图 3-37 所示。

■ 图 3-36　点击"拍照"按钮　　　■ 图 3-37　调整距离

（3）拍好以后，可以自己选择美颜效果、服装和背景，如图 3-38 所示。

（4）图片修饰完毕，点击"下一步"按钮，即可保存到手机中，如图 3-39 所示。

■ 图 3-38　修饰图片　　　■ 图 3-39　点击"下一步"按钮

035　手机省钱——免费当U盘

电脑能存储大量的数据，照片、视频、电影、软件等都能随心所欲地载入，然而电脑不方便携带，无论是台式机还是笔记本，此时手机就可以很好地发挥其强大的移动存储功能，将手机作为U盘存储数据，随时随地使用与分享。

对于Android用户，将手机与电脑连接后，在"计算机"中会显示一个可移动磁盘（OPPO手机显示OPPO X9007，不同的手机显示的会有所不同），如图3-40所示。

■ 图3-40　可移动磁盘

这个磁盘就是手机的存储卡，用户只需将需要复制的文件直接复制到该磁盘即可。需要注意的是，只有Android手机用户才能直接在电脑上读取手机的存储卡，这其实就相当于一个即插即用的U盘。

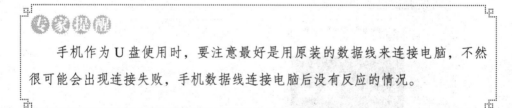

手机作为U盘使用时，要注意最好是用原装的数据线来连接电脑，不然很可能会出现连接失败，手机数据线连接电脑后没有反应的情况。

036　手机省钱——免费看新闻

发布日常新闻是智能手机新闻软件的基本功能，软件会及时更新军事、社会以及财经等方面的最新消息。软件实时更新的特点，是传统报纸杂志无法做到的。

搜狐新闻客户端是搜狐公司出品的一款为智能手机用户量身打造的订阅平台＋实时新闻阅读应用，是全国首个提出个性化阅读服务的新闻客户端。通过将优质媒体资源聚合成适合方寸之间阅读的图文报纸并定时推送，让智能手机用户随时随地知晓各类新闻事件。

本节将以搜狐新闻 APP 为例介绍手机看新闻的方法，具体操作如下：

（1）进入软件后即会显示当天的要闻，如图 3-41 所示。

（2）点击上方的"频道"按钮，选择需要收看新闻的类别，如图 3-42 所示。

■ 图 3-41　当天要闻　　　　　■ 图 3-42　选择新闻类别

（3）点击任意新闻即可查看新闻详情，如图 3-43 所示。

（4）点击新闻下方的"评论"按钮，即可查看其他用户的评论，如图 3-44 所示，也可发表自己的评论。

■ 图 3-43　查看详情　　　　　■ 图 3-44　查看评论

搜狐新闻客户端全媒体平台是搜狐公司在智能手机时代为国内外优质内容方提供集手机媒体刊物出版、发行和广告服务的移动新媒体产品，该平台依托于搜狐新闻客户端，为中国数亿智能终端用户提供个性化"移动报刊亭服务"，同时为媒体内容合作伙伴提供免费、卓越的内容输出渠道、海量优质的用户保证及移动广告模式的开放服务。

037　手机省钱——免费聊天

微信（WeChat）是腾讯公司于2011年1月21日推出的一款为智能终端提供即时通信服务的免费应用程序，微信支持跨通信运营商、跨操作系统平台，通过网络快速发送免费（需消耗少量网络流量）语音短信、视频、图片和文字，同时，也可以使用通过共享流媒体内容的资料和基于位置的社交插件摇一摇、漂流瓶、朋友圈、公众平台、语音记事本等。

微信为用户提供方便的聊天功能，使用方法如下：

（1）点击界面下方"通讯录"按钮，选择通讯录中的聊天对象，如图3-45所示。

（2）点击"发消息"按钮，如图3-46所示。

■ 图3-45　选择聊天对象　　　　■ 图3-46　点击"发消息"按钮

（3）点击下方的文字栏以输入文字，如图 3-47 所示。

（4）输入文字后，点击"发送"按钮，如图 3-48 所示。

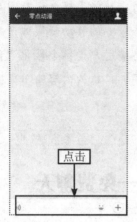

■ 图 3-47　点击文字栏　　　　　■ 图 3-48　点击"发送"按钮

　　微信在拉近朋友之间距离的同时，还是一种不错的理财方式。我国短信资费普遍是 0.1 元 / 条，对于有流量套餐的用户，使用微信发送 10 条信息所消耗的流量费用可能还不到 0.1 元。虽说短信也可以包套餐，但费用依然比较高。同样以 5 元钱的套餐计算，一般情况下，短信可以包 100 条，而流量可以包 30MB。如果 30MB 流量只用来发送微信，几乎可以做到无限发。

038　手机省钱——免费打电话

　　打电话是人们日常生活中最重要，而且是必不可少的一种联系方式，除各运营商提供的包月套餐外，最便宜的电话资费为每分钟 0.1 元，100 分钟就是 10 元，这是一笔并不小的开支。如今推出了免费打电话的软件，用户可以通过每天登录打卡签到来累计分钟数，对于经常处于 WiFi 网络环境的用户来说，是非常的省钱的。

　　许多资深的背包客和旅行者都会选择使用有信网络电话，而非购买一张电话卡。不管是当地的通信收费还是各运营商提供的种种漫游、长途、国际套餐等，与网络电话的资费差距都非常明显。不用费心去研究要选择哪一种资费套餐，更不用去盲目购买一张当地的电话卡，只需将有信网络电话安装到自己的手机中，就能帮用户省去旅行中不必要的开支。

本节将以有信 APP 为例介绍如何使用手机免费打电话，操作流程如下：

（1）打开有信 APP 首页界面，点击"我"按钮，如图 3-49 所示。

（2）点击"推荐有信"按钮，推广软件以便获得更多的免费通话时长，如图 3-50 所示。

■ 图 3-49　点击"我"按钮　　■ 图 3-50　点击"推荐有信"按钮

（3）邀请好友，分享方式包括微信、QQ、短信，任一方式都可免费获得通话时长，如图 3-51 所示。

（4）查看"我的钱包"，可显示累计话费、本月赠送、本月已用，用户可以随意拨打电话，如图 3-52 所示。

■ 图 3-51　获得通话时长　　■ 图 3-52　查看"我的钱包"

MOBILE
MONEY
HANDBOOK

第 4 章

理财平台——移动互联网金融理财

学前提示

手机理财是移动互联网高速发展下的流行趋势，那么将资金放在网上与放在银行中一样安全吗？在互联网理财的浪潮里，该如何选择可靠的理财平台呢？本章将介绍多种实用的手机理财平台。

要点展示

可靠的移动互联网理财平台
理财平台——淘宝理财
理财平台——苏宁易购
理财平台——微财富
理财平台——铜板街

039　可靠的移动互联网理财平台

　　以余额宝为代表的手机互联网理财掀开了一个时代的序幕——手机互联网金融时代的到来，唤醒了普惠金融市场。本节将介绍可靠的互联网理财平台应具备的条件。

　　手机互联网理财平台以低门槛、高收益、灵活快捷成为"草根"投资者的理财利器，再度掀起全民理财热潮。如何选择可靠的互联网理财平台显得尤为重要，投资者需要做足准备，如图4-1所示。

■ 图4-1　可靠的互联网理财平台

専家提醒

　　手机互联网理财平台的出现，让信息更透明、更对称，匹配更加准确，而对于投资者来说，互联网的思维就是不断创新，不只是通过一款或几款产品打动投资者，而是推出多种投资形式以满足用户多元化的理财需求。

040 手机APP——一站式的理财体验

移动理财平台相比传统理财产品的购买方式，一个核心的竞争优势是客户导向型战略，也就是通过对市场进行细致分类，确定目标客户群，提供与其需求对应的服务，更加注重用户的体验。

例如，问理财APP是一款移动互联网理财媒介的多媒体理财信息互动平台，为众多投资者提供了一种全新的互动式理财资讯掌上接收方式，方便快捷。

在手机上安装问理财APP后，点击手机屏幕上的问理财APP图标，便能立即进入"我的问理财"界面，此界面顶端有一个极为醒目的输入框，供用户免费提问，如图4-2所示，同时支持问题补充和问题分类，提问者需要选中自己所提问题的种类，如基金、银行、保险、P2P、贵金属或收藏品等，如图4-3所示。

■ 图 4-2 "我的问理财"界面　　　■ 图 4-3 问题补充和问题分类

在问题被回答之前，用户可以进入"精彩问题库"界面，这里有许多其他网友感兴趣、同时也是近来热点的理财问题，如图4-4所示。例如，大智慧投资案引发大家对炒白银投资的风险讨论、怎样判断P2P平台上的项目、怎样选择信托产品等，许多问题都有热心网友回答，大部分还得到了专业理财师的解答，如图4-5所示，可见理财信息的良好互动在问理财APP上正初步生成。

■ 图 4-4　"精彩问题库"界面　　　■ 图 4-5　查看各种理财问题

总的来说，移动理财平台具有时间掌控灵活、选择范围广、产品更新速度快等特点。相较传统的理财产品，移动理财不受银行等金融机构工作时间的影响，用户可自行了解感兴趣的理财产品和服务，在时间、地域选择上有很大的优势。

　　从经济学角度出发，理财平台注重用户体验的原因在于网络金融产品和服务具有规模经济的特性。虽然理财平台额外增加一个产品或提供一次服务的边际成本较低，且随着平台规模的扩大，其平均成本也会被拉低。但是，理财平台的扩张是在市场空间充裕、用户数量充沛的前提下实现的。

041　理财平台——淘宝理财

　　手机互联网理财平台有多种模式，网店模式是从网购平台自然进化而来的。此类平台有许多，如淘宝、京东、腾讯等传统网购平台都有理财平台的分支。

　　本节以淘宝的理财平台——淘宝理财为例，讲解如何在网店模式的理财平台购买理财产品。淘宝理财平台（http://licai.taobao.com/）可以使用淘宝网的账户直接登录，用户打开淘宝理财主页登录后，即可挑选自己需要的理财产品。

（1）在主页上选择自己需要查看的理财类别，如图4-6所示。

■ 图4-6　选择理财产品类别

（2）与网购挑选商品类似，用户可以挑选店铺（理财公司）和宝贝（理财产品），如图4-7所示。

（3）用户单击任意理财产品即可进入产品介绍界面，可以看到理财产品的购买情况，如图4-8所示。

（4）在宝贝详情界面可以看到"分散风险"等信息，如图4-9所示。

■ 图4-7　挑选具体产品

■ 图4-8　产品介绍界面

■ 图4-9　查看详细信息

042　理财平台——苏宁易购

继支付宝推出余额宝后，苏宁易购也开始涉足互联网金融。本节将介绍苏宁易购理财产品的概况以及具体的收益情况。

打开苏宁易购推出的苏宁财富——对公理财产品，让闲置的资金运转起来，点击"马上去赚钱"，如图 4-10 所示。

■ 图 4-10　苏宁金融首页

苏宁易购的对公理财是国内互联网上第一个对公理财平台，包括的产品有很多种，苏宁会推荐精选理财产品，在线就能一键购买，如图 4-11 所示。

精选理财　财富增值，智慧之选！

新华中小市值	安鑫稳盈	南方小康
今年以来（WIND截止2015-05-21）	约定年化收益率	今年以来标的指数（WIND2015-4-28）
78.18%	**8.00%**	**51.72%**
立即抢购	立即抢购	立即抢购

■ 图 4-11　苏宁的精选理财产品

专家提醒

目前，苏宁对公理财解决了申购银行对公理财产品的面签问题，解决了企业跨行理财问题。有需求的企业客户要在苏宁易购网站实名注册一个企业版的易付宝账户，绑定公司的对公银行账户，即可参与苏宁对公理财上所有产品的购买。

043 理财平台——盈盈理财

盈盈理财是一款免费的手机理财交易软件，精选低门槛、准储蓄型的货币市场基金和风险高的基金投资品种。本节将介绍盈盈理财的特点及收益情况。

打开盈盈理财 APP 首页界面，可以看到新产品的推送，如图 4-12 所示。还可以继续查看所属的其他产品，了解更多的产品信息，如图 4-13 所示。盈盈理财的主要特色是风险低、存取灵活、交易取现 0 手续费等，如图 4-14 所示。

■ 图 4-12 打开盈盈理财 APP 首页

■ 图 4-13 查看其他产品

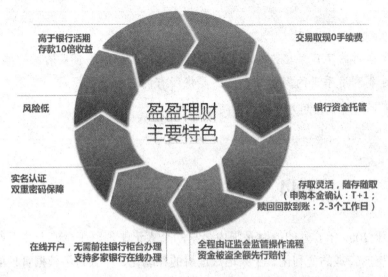

■ 图 4-14　盈盈理财的主要特色

　　用户在查看理财产品时，还能使用盈盈理财提供较为方便的收益计算功能，点击"计算器"按钮，查看收益，如图 4-15 所示。输入理财期限、理财金融等开始预估收益，如图 4-16 所示。

点击"计算器"按钮

进入"预估收益"界面后，即可查看收益状况

■ 图 4-15　点击"计算器"按钮　　■ 图 4-16　点击"预估收益"按钮

专家提醒

　　盈盈理财的 7 日年化收益还是非常可观的，切记不要盲目购买，理财的原则还是要利用手里的闲置资金，不要将所有的资金全都投入，以免造成一些意想不到的状况，用户要谨慎购买。

044　理财平台——挖财

　　诞生于 2009 年 6 月的挖财是国内最早的个人记账理财平台，专注于帮用户实现个人资产管理的便利化、个人记账理财的移动化、个人财务数据管理的云端化。本节将介绍挖财产品的概况和具体收益。

　　现有服务包括手机端和 Web 端，主要产品有挖财记账理财、挖财信用卡管家和挖财钱管家等 APP，以及国内最活跃的个人理财社区——挖财社区。打开挖财 APP 首页界面，如图 4-17 所示。查看月薪宝详情，如图 4-18 所示。

　　■图 4-17　打开"挖财"首页　　　■图 4-18　查看"月薪宝"详情

　　除了记账外，挖财还新增了理财超市功能，为用户提供了多种高收益理财产品。通过对用户体验的设计实现渠道创新，挖财的理财超市商品变得越来越丰富，官方从 2013 年 11 月开始推出了每月 18 日的"理财日"活动，而手机端的理财超市里刚上架了多款流行的货币基金产品。另外，从 2013 年 12 月开始，挖财也推出了准入门槛更高的 P2P 贷款产品，起购金额为 3 万元。

专家提醒

挖财 APP 是一款功能比较全面的手机记账软件，并且可将用户在手机上所记的账户上传至网站永久保存。记账最直接的作用就是清楚自己收入、支出的具体情况，掌握资金去向。

---

045 理财平台——抱财

抱财网于 2013 年成立，是北京中联创投电子商务有限公司旗下专业化的互联网金融品牌，总部位于北京，由来自金融、法律、互联网、财务等领域的资深人士运营管理。本节将介绍抱财网 APP 的使用流程。

抱财网用先进的理念和创新的技术建立了一个安全、高效、专业、规范的互联网金融平台，恪守保障用户的资金安全、确保资金的正确流向、积极优化产品结构的原则，不仅提供了一个稳定、安全的投资渠道，更致力于扶持中国实体经济的发展，为小微企业及创业者解决资金困难。

作为国内最有潜力的互联网金融企业，抱财网将坚持产品的创新及风险控制体系的创新，不断为平台客户提供优质的项目和服务，持续为中国普惠金融的发展贡献力量。抱财网依托互联网，为有融资需求的中小企业和有富余资金的投资者搭建起一个金融服务桥梁，为投资人提供低门槛、低风险、高收益的理财选择。

抱财网的投资流程如下：

（1）打开抱财网 APP 首页，如图 4-19 所示。

（2）注册账号。登录抱财网，绑定手机及邮箱，并完成实名认证，如图 4-20 所示。

（3）充值投资：进入"我的抱财"界面，点击"充值"按钮，通过第三方支付平台按流程完成充值，如图 4-21 所示。

■ 图4-19 打开抱财网APP首页　　■ 图4-20 注册账号　　■ 图4-21 点击"充值"按钮

　　抱财网希望通过自身的努力，为所有渴望获得财富自由、享受生活的人创造优质的、智慧的金融服务环境，以更加安全、高效的模式帮助人们完成资金的投放、回收和募集，实现了财富的高效循环。

046　理财平台——微财富

　　微财富是新浪旗下的互联网金融理财服务平台，立志为互联网用户提供精选理财产品和服务。本节将介绍如何用手机查看微财富的收益情况。

　　打开微财富APP首页，如图4-22所示。

　　微财富致力于为投资者提供多种类的理财产品和理财方案，目前的理财产品包括基金、票据、实物回购、P2P等各类互联网金融精选理财服务，今后还将涵盖保险、众筹等理财类别。

　　除此之外，还将推出沉香、钻石、黄金、股票、房、车等另类投资，也就是说一切适合互联网金融的投资理财产品，在微财富平台上都会有，让投资理财多样化、简单化、生活化。

　　其中，"存钱罐"中资金用于投资国债、银行存单等安全性高、稳定的金融工具，收益每天发放。资金转入"存钱罐"即为向基金公司等机构购买相应的理财产品，存钱罐首期支持货币基金。该功能目前是不收取任何手续费的，而且转入、转出到"存钱罐"和使用"存钱罐"付款都是实时的，无需等待。"存钱罐"的7日年化收益率如图4-23所示。

■ 图4-22 打开微财富APP首页　　　■ 图4-23 "存钱罐"的7日年化收益率

　　微财富的目标客户是理财意识和经济能力相对薄弱的年轻人，他们往往有一点闲置资金，却达不到银行理财、信托、PE等更高端理财产品的投资，以及一些对金融、投资理财的认知不足，但具备一定风险承受能力的互联网用户。

047　理财平台——沃百富

　　2014年6月6日，广东联通联合百度推出跨界互联网金融理财产品，名为"沃百富"。本节将介绍联通理财平台沃百富的概况以及收益情况。

　　运营商与用户最直接的资金关系就是话费，沃百富可以将"话费客户"变为"理财客户"，通过手机账户中的闲置资金为用户带来额外的理财收益，用户可以选择"理财送机""话费理财""专享理财"3种方式来实现。

　　该产品是一款针对大众市场用户的金融理财产品，属于货币基金类型，不但可以带来理财收益，还可与联通的话费及合约机套餐计划的费用紧密结合。打开手机联通沃百富APP首页，如图4-24所示。

■ 图 4-24　沃百富 APP 首页

百度看重的是联通庞大的用户量、遍布各地市的线下营业厅以及完善的账户体系，而广东联通则寄望百度能将其完善的生活服务打包进沃百富平台中，双方的合作将能实现从通信账户到互联网生活服务 O2O 的优势互补。

沃百富提供 3 种基于通信服务的理财方式，分别针对用户的手机终端预存款、预存话费、闲置资金等，设计出能为其带来高效、稳定投资收益的回报模式，且过往 7 日年化收益率在 6% 以上。

作为跨界互联网创新型金融理财产品，沃百富充分利用自身优势，在提供最优理财体验的同时，更有"理财更赚钱""手机免费拿""靓号免费选""大片免费看""百度大礼包""话费来理财"等诸多特权，致力为用户打造理财、通信、网络一站式的移动互联网生活服务。

专家提醒

话费理财是指用户存入 1000 元、2500 元、5000 元、10000 元 4 档预存话费，1000 元的冻结期为 12 个月，其余为 24 个月，冻结的话费在基金账户中将获得基金收益，同时将按 12 个月或 24 个月冻结给用户作为话费，用户成功冻结话费并分享后可获得 2%~3% 额外的基金份额赠送，赠送的基金还可以再享收益。

048　理财平台——微金所

微金所系中微（北京）信用管理有限公司依托互联网技术创新，为个人及中小微企业打通高速融资通道，同时为理财用户提供高质量的投资项目，以及 300万元以下、18 个月以内的小额信贷产品交易平台。本节将介绍微金所的概况以及特点。

打开微金所 APP 首页界面，如图 4-25 所示。

■ 图 4-25　打开微金所 APP 首页

正如微金所的名字一样，其客户目标也是小微公司、小额贷款、小额投资人。

在微金所的平台上，出资人和借款人都要实名认证，以表明交易双方是凭借真实身份做真实交易。微金所的实名认证系统与公安系统、人民银行信用系统、法院系统联网。如果这三方验证中有任何一方存在问题，交易者都会被微金所列入黑名单。另外，微金所还与第三方支付的银联合作，所有交易钱款都通过银联实名划转，通过多重认证系统使其安全性得以保证。

　　如果说微金所是一个小微投资项目的超市，而投资者却又不需要把钱交给这个超市。微金所不涉及现金流，资金将通过银联直接打给融资项目一方。微金所的商业模式是按照融资金额收取 1% 的佣金。

049 理财平台——民生银行

民生银行的理财策略是主动跳出传统金融服务惯性，聚焦企业生意链条核心环节，为实体企业建立信息圈，提供"圈金融"服务。本节将介绍民生银行理财的概况以及特点。

筹备建立公司网络金融综合服务平台。该平台按照"金融—综合—平台—跨界（商流）—数据—综合生态圈"的方向发展，通过平台创新交易银行轻资产服务模式，构建具备互联网基因的网络金融综合服务平台。民生银行金融包括 3 个方面，如图 4-26 所示。

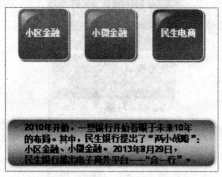

■ 图 4-26 民生银行金融结构

1. 小微金融

小微金融指的是以产业集群、市场为主，打造小微企业金融服务模式。小微企业的融资普遍存在"短、小、频、急"等特点。为更好地服务小微金融客户，民生银行将以小微企业为主的商圈作为服务的重点，推出了"联保贷"特色产品，通过商圈内企业的联保、互保，让企业自主寻找联保体，并辅之以担保中心差额担保的模式，有效解决了小微企业融资难问题。

2. 小区金融

小区金融则以高端客户人群为主，打造现代金融生活圈。民生银行将"小区金融"作为利民工程，以"便民、惠民、利民"为服务宗旨，大力建设小区金融便民店，以智能化的远程服务为导向，为小区居民提供更便捷的服务。

3．民生电商

民生电商将同时着手 B2B、B2C 两种模式，前者主要是为了降低企业经营成本，后者是为客户引流。如果互联网金融成为主流，小微企业可以是 B2B 模式，小区金融是 B2C 模式，民生银行在新一轮的竞争中将占据优势。

050　理财平台——帮你盈

2014 年 8 月 18 日，国内第一款定位于为小微商户提供电子商务金融服务的移动平台——帮你盈正式上线，打开平台首页，如图 4-27 所示。

在了解行业客户不同的需求后，根据客户所在行业的特点，推出客户专属理财产品。帮你盈提供多种灵活投资渠道，包括对明星基金公司产品、优选阳光私募等投资组合，通过专家理财和风险分散，为行业客户实现资金收益最大化。帮你盈在致力于帮助行业客户的公司增长财富的同时，更期望与广大客户携手相伴、共赢发展。帮你盈的主要特点是成本低、收益高、安全、便捷等，如图 4-28 所示。

■ 图 4-27　打开帮你盈首页

■ 图 4-28　帮你盈平台的主要特点

帮你盈平台聚焦 3 大核心业务：移动商务、移动融资和移动理财，全方位解决小微商户群体经商难、融资难、投资难问题。移动商务和服务的特点主要是随时随地做生意，如图 4-29 所示。

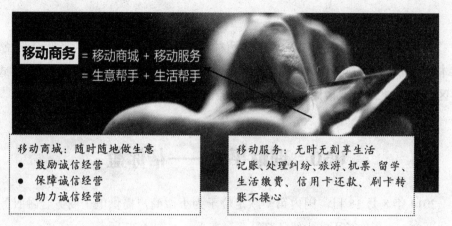

■ 图 4-29　移动商务的特点

　　帮你盈的 3 大核心业务有诸多特点，移动商务方面，生意助手与生活帮手是其两大特色。移动融资方面，具有无抵押、无担保、额度高、费用低、放款快、服务好等特点。在移动理财方面，配置了符合本金保障计划的高收益互联网理财产品。

051　理财平台——51 信用卡管家

　　超前消费已成为许多人的生活方式，信用卡就是实现这一理财方式的关键，而信用卡的管理，则成为能否让这种消费方式继续下去的重中之重。本节将介绍如何使用 51 信用卡管家 APP 来实现信用卡的管理。

　　51 信用卡管家是一款具有信用卡管理功能的手机应用，包含了一键绑定邮箱功能，用户不用输入任何信息，即可使用信用卡账务管理服务。51 信用卡管家使用用户的信用卡邮箱进行注册、登录，可以直接获取用户信用卡的账单。登录以后，其主界面如图 4-30 所示。

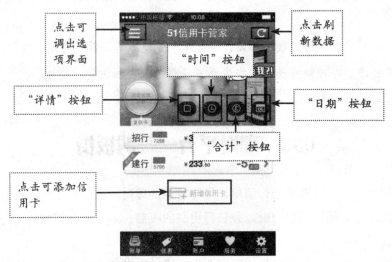

点击可调出选项界面

"时间"按钮

点击刷新数据

"详情"按钮

"日期"按钮

"合计"按钮

点击可添加信用卡

■ 图 4-30 "51 信用卡管家"主界面

51信用卡管家的大部分功能都可以用主界面的功能按钮实现，常用功能如下。

（1）在主界面点击"详情"按钮后，即可将每张信用卡的详情显示在主界面中，如图4-31所示。

（2）在主界面点击"时间"按钮后，即可查看信用卡的"刷卡免息"时间，如图4-32所示。

■ 图 4-31 信用卡详情

■ 图 4-32 查看"刷卡免息"时间

052　理财平台——铜板街

铜板街是一个具有安全、简单、便捷特点的理财产品交易平台，致力于帮助更多的用户随时随地轻松理财，并获得更高的收益。本节将介绍如何使用手机购买铜板街理财产品。

铜板街与金融、类金融机构紧密合作，通过科学严谨的风险控制体系筛选合格商户，保障资产安全，降低产品风险，提高用户收益，为用户提供多元化、差异化的理财服务，低门槛理财，让更多用户实现资产保值增值，抵御通胀压力。

铜板街一经推出即得到用户和市场的广泛认可。打开铜板街首页，如图 4-33 所示，选择理财产品，如图 4-34 所示。

■ 图 4-33　打开铜板街首页　　■ 图 4-34　选择理财产品

2014 年，铜板街已经推出众多创新型理财产品，既有 1 个月预期年化收益率 4%～5% 的创新产品，3 个月预期年化收益率 8% 的产品，又有 1 年预期年化收益率 10% 的产品，也有流动性好、收益稳健的货币基金产品，让用户能充分配置资产，实现更高的理财收益，市场反响非常好。通过线上线下的分工与配合，帮助小微企业解决融资需求，为实体经济提供支持，铜板街服务的小微企业及个人数量现已超过两万。

作为手机理财平台，铜板街一直秉承安全理念，不断强化风控体系建设。值得注意的是，铜板街的安全风控体系通过姓名、身份证、银行卡、手机号四重认证。铜板街自身不触碰用户资金，只为用户提供与法定金融机构沟通服务的平台，用户的理财资金只能在其本人实名认证的同张银行卡内进出，并有银行监管。资金只能用于投资理财产品，保证账户不会被盗用。

053 理财平台——第一创业

第一创业是经中国证监会批准，由华熙昕宇投资有限公司、北京首都创业集团等多家股东投资设立的综合性证券公司。本节将介绍该公司旗下天天理财系列产品的概况。

2014年7月7日，第一创业打出了一张"创新牌"——天天利，这是一款基于债券回购的现金理财服务的"债券回购+宝宝"产品。另外，还同步上线了另一款互联网金融产品——天天宝。打开第一创业网的官方网站，显示首页界面，如图4-35所示。

■ 图4-35 第一创业网首页

（1）天天利系列：天天利理财服务分别对接了 1 天、2 天、3 天这 3 种债券回购，股民账户里闲置的空仓资金可在每天下午 2:00 ～ 3:00 之间自动购买这 3 种不同的债券逆回购，购买成功后，当天就能获得利息收益。

（2）天天宝系列：是由第一创业证券和宝盈基金合作推出的一个高收益 T+0 货币基金，没有任何参与费和退出费。据悉，天天宝的综合收益率超过活期存款 12 倍。相比其他互联网公司的产品，证券公司账户系统源自金融机构体系，要远比互联网网站的网络账户体系更安全，收益率也不落下风。

除了产品创新和收益率外，券商还注重提升用户体验，大部分券商的互联网平台都实现了从网上开户到网上在线购买理财的一条龙服务。很多券商的网站告别了过去繁杂的设计，采用了现在最流行的 Metro（美俏）风格，体现了互联网产品简约就是美的特点。如图 4-35 所示即为"第一创业"的网上营业厅。

专家提醒

天天利和天天宝一个面向股民，一个面向基民和理财客户，从产品和服务定位上能看出第一创业未来的互联网金融布局。虽然券商现在互联网金融领域还是追逐者，但今天的追逐者明天就可能成为领头羊。

054　理财平台——票据宝

2014 年 6 月 16 日，互联网第一金融票据理财平台——票据宝在深圳正式上线，这意味着互联网金融从 1.0 的基金互联网理财时代，正大踏步进入 2.0 的票据互联网理财时代。本节将介绍票据宝的概况以及移动互联网理财模式。

打开手机票据宝 APP 首页，如图 4-36 所示。

■ 图 4-36　票据宝 APP 首页

票据宝是互联网金融票据理财平台，经过严密的结构化设计，大大降低了投资风险。作为新兴的网络投融资金融平台，票据宝通过与银行机构合作，打造出创新的互联网金融模式，为用户提供强大、全面的资金安全保障，资金灵活，让用户投资无忧，并为新兴产业中的优质中小企业提供新型融资方式，让投资者投得安心。

银行承兑汇票是商业汇票的一种，是由在承兑银行开立存款账户的存款人出票，向开户银行申请并经银行审查同意承兑的，保证在指定日期无条件支付确定的金额给收款人或持票人的票据。由于有银行担保，所以银行对委托开具银行承兑汇票的单位有一定要求，一般情况下会要求企业存入票据金额等值的保证金至票据到期时解付，也有些企业向银行存入票据金额百分之几十的保证金，但必须由银行向企业做银行承兑汇票授信并在授信额度范围内使用信用额度，如果没有银行授信，企业是没有开具银行承兑汇票资格的。

另外，融资端严格控制在有实体经营的企业（银行承兑汇票申请时需要有贸易合同），企业的财务报表可以审查、资金用途可以跟踪、企业经营情况可以了解，企业的盈利能力可以考察评估，对于投资者来说，票据宝这些措施大大降低了投资者面临的风险。票据宝聚焦客户关注的"钱"途，提供全面的服务，持续为客户创造利益。

票据宝将个人、企业、银行三方紧密联系起来，依托网站平台发展，为消费者提供理财的好方法，其理财模式如图4-37所示。

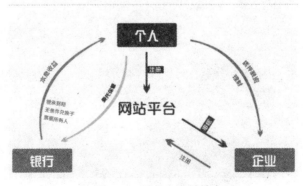

■ 图4-37 票据宝理财模式

票据宝将引导投资者的金融资本流向这些有投资价值的企业，推动产业发展，同时带给投资者更高的回报。普通散户投资者一般不具备投资银行承兑汇票的资格，需要通过一定的金融机构途径去审批和购买，而通过票据宝这样一个互联网票据理财产品平台，投资者可以实现对银行承兑汇票的间接投资行为，可谓互联网金融创新的又一里程碑。

专家提醒

票据理财到期后由出票银行刚性兑付，风险性的确低于其他多数理财产品，但并不意味着没有风险。风险主要来自三方面：银行倒闭风险、票据有假带来的承兑风险、资金安全风险。

MOBILE
MONEY
HANDBOOK

第5章

宝类产品——移动互联网理财产品

学前提示

如今，宝类产品不仅仅是余额宝一家独有，各大电商平台、基金销售公司，甚至银行、证券公司都推出了自己的宝类产品。投资者只有深入分析自己的现金管理需求，才能选到最合适的货币基金。

要点展示

阿里理财——余额宝

百度理财——百发百赚

腾讯理财——理财通

平安银行——平安盈

天天基金——活期宝

055　阿里理财——余额宝

阿里余额宝是互联网金融的代表，是由阿里巴巴旗下第三方支付平台支付宝打造的一项余额增值服务，于 2013 年 6 月 13 日上线，主要办理存款业务。本节介绍余额宝的收益情况、资金运作流程以及购买方式。

通过余额宝，用户不仅能够得到较高的收益，还能随时支付或转出资金，无任何手续费。余额宝的优势在于转入资金后不仅可以获得较高的收益，还能随时消费支付，灵活便捷。

（1）每天的收益计算公式：当日收益 =（余额宝已确认份额的资金 /10000）× 每万份收益。假设用户已确认份额的资金为 20000 元，当天的每万份收益为 1.10 元，代入计算公式，用户当日的收益为 2.2 元。

（2）余额宝的收益结算规则：余额宝的收益每日结算，每天下午 15:00 左右前一天的收益到账。购物消费支付和快速转出（实时到账和 2 小时内到账）的资金当天起没有收益。普通转出资金自资金到账日起没有收益。

（3）余额宝转入金额限制规则：用余额转入余额宝无额度限制，用借记卡快捷转入余额宝，不同银行额度不同，以提示限额为准。

（4）余额宝转出至银行卡到账时间：实时到账仅支持中信银行、光大银行、平安银行、招商银行一卡通，转出限额以银行签约为主。余额宝的主要资金运作流程如图 5-1 所示。

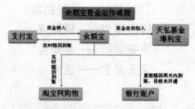

■ 图 5-1　余额宝资金运作流程

用户可以通过支付宝的手机客户端（即支付宝钱包 APP）随时随地将资金转入余额宝中，具体方式如下。

（1）进入支付宝钱包主界面后，点击"财富"按钮进入"财富"界面，点击"余额宝"按钮，如图 5-2 所示。

（2）执行操作后，进入"余额宝"界面，显示基本介绍，点击"马上体验余额宝"按钮，如图 5-3 所示。

（3）进入"信息确认"界面，确认基本信息无误后，点击"确认"按钮，如图 5-4 所示。

■ 图 5-2　点击"余额宝"按钮　　■ 图 5-3　点击"马上　　■ 图 5-4　点击"确认"按钮
　　　　　　　　　　　　　　　　　体验余额宝"

（4）执行操作后，进入"转入"界面，输入金额，点击"确认转入"按钮，如图 5-5 所示。

（5）点击"确认转入"按钮后，弹出"请输入支付密码"对话框，在"支付密码"文本框中输入相应密码，如图 5-6 所示。

（6）点击"确认付款"按钮，进入"结果详情"界面，点击"完成"按钮，完成资金转入操作，如图 5-7 所示。

■ 图 5-5　输入金额并确认转入　　■ 图 5-6　输入支付密码　　■ 图 5-7　确认付款

056 百度理财——百发百赚

2013 年 10 月 28 日，百度理财平台上线，2014 年 4 月 23 日，百度理财平台升级为百度金融中心，旗下有百发、百赚理财计划。本节将介绍这两款理财产品的特点和具体收益情况。

百发自上市以来，一直保持着接近 8% 的年收益，这几乎是货币基金收益的两倍，如图 5-8 所示。在百发主界面，点击"计算收益"按钮，弹出"计算收益"对话框，用户可以在此输入申购金额和理财期限，点击"计算收益"按钮，即可查看基金预期收益以及与银行活期收益的对比，如图 5-9 所示。

■ 图 5-8 百发

■ 图 5-9 计算收益

百发是百度和华夏基金共同合作的金融理财产品，支持 1 元起买，随时可以赎回，比起市面上的传统理财产品，门槛要低不少。百度称年化收益率高达 8%，并将采取限量发售的方式，由中国投资担保有限公司全程担保。

想要达到这样的收益，从基金运作上来完成几乎不可能。实际上，用户花 100 元购买百发后，百度公司也会花费 100 元购入该产品相关联的货币基金，并将收益全部让利给用户，这样用户即可享受双倍的收益。不过，这样的运作方式是存在一定争议的，其所谓的回报，并不是完全来自于投资。

2013 年 10 月 31 日，百度推出第二款互联网金融产品——百赚，如图 5-10 所示。

百赚也是百度和华夏基金合作推出的一款理财产品（华夏现金增利 E 类），该产品主要投资于期限在 1 年以内的国债、央行票据、银行存单等安全性较高、收益稳定的金融工具，不投资股票等风险市场，与股市无直接联系，所以风险较低。与百发高调宣称 8% 的高收益不同，百赚对收益表示有些"犹抱琵琶半遮面"。

在百赚主界面中，点击"7 日年化收益率"按钮进入其界面，可以查看近一周的 7 日年化收益率，如图 5-11 所示。

点击"近一月"按钮，即可查看近一个月的 7 日年化收益率，如图 5-12 所示。

● 图 5-10　百赚

● 图 5-11　近一周的 7 日年化收益率

● 图 5-12　近一月的 7 日年化收益率

在百赚主界面中，点击"万份收益"按钮进入其界面，可以查看近一周的平均万份收益金额，如图 5-13 所示，而且也可以查看近一月的平均万份收益，如图 5-14 所示。

■ 图 5-13　近一周收益　　　　　■ 图 5-14　近一月收益

057　腾讯理财——理财通

　　理财通是基于微信的金融理财平台。2014 年 1 月 22 日，腾讯的理财通正式登录微信，而理财通当天募集到的资金就有 8 亿元。本节将介绍如何购买理财通产品。

　　在理财通平台，为用户提供账户开立、账户登记、产品买入、收益分配、产品取出、份额查询等服务。用户完成简单的银行卡绑定手续，即可购买理财通，打开微信里"我的钱包"界面，点击"理财通"按钮，如图 5-15 所示，界面显示出理财通的 7 日年化收益以及万份收益数据，点击了解详情，如图 5-16 所示，界面显示出理财产品的收益走势情况，如图 5-17 所示。

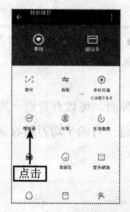

■ 图 5-15　点击"理财通"按钮　　■ 图 5-16　了解详情　　■ 图 5-17　买入产品

微信的用户基数巨大，日活跃用户超过一亿，这样的资源不可能不用作互联网金融。目前，理财通支持民生银行、招商银行、建设银行、光大银行、广发银行、浦发银行、兴业银行、平安银行、中国银行、工商银行、中信银行、农业银行共计 12 家商业银行的借记卡，未来会陆续增加合作的商业银行。各家银行可支持的限额会有所不同，单日单笔限额在 5000 ～ 50000 元。

058　网易理财——现金宝

现金宝创建于 2009 年 6 月，是网易理财平台通过合作方提供的一款具有较高收益且随取随用的基金产品，是汇添富基金公司的一款货币基金。本节将介绍现金宝的主要特点。

用户可用每月不用的闲置资金购买现金宝，享受货币基金收益。现金宝取现非常方便，而且手续费为零，取现实时到账，流动性非常好。无需烦琐的设置，仅需指定卡内需保留的金额，超出部分每天将自动为用户充值到现金宝。现金宝的特点如图 5-18 所示。

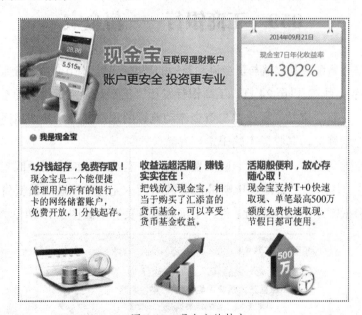

■ 图 5-18　现金宝的特点

现金宝具有 9 大功能，可提升闲置资金收益，快速取现，自动攒钱，4 折买基金，高端理财，还可用信用卡还款，手机充值等，只有具备了这 9 大功能，才是真正的现金宝。2013 年 9 月，现金宝再次升级，主要有 4 方面变化：（1）网络用户专享，仅面向现金宝个人客户，收益变高；（2）月复利变为日复利，收益每日自动结转，天天复利；（3）查询变快，每天早上 8:00 即可查询前一日收益；（4）门槛变低，1 分钱即可充值攒钱，一分钱也能快速取现。

专家提醒

现金宝支持自动充值和保底归集两种自动攒钱方式，自动充值就是绑定工资卡，定期将指定金额的资金自动转入现金宝，让用户的银行卡内闲置资金"活"起来，享受远超活期的收益。而保底归集是自动充值的升级版，无须烦琐的设置，仅需指定卡内需保留的金额，超出部分每天将自动充值到现金宝。

059   工商银行——薪金宝

工商银行薪金宝是收益与资金流动兼顾的理财产品。本节介绍薪金宝的概况。

2014 年 1 月 21 日至 24 日，工商银行发行"工银薪金宝货币市场基金"（简称薪金宝）。薪金宝是一种收益与资金流动兼顾的理财产品，其产品便捷流动性可与活期存款媲美，其收益不输于定期存款。

薪金宝的认购费、申购费、赎回费均为零，首次认购或申购最低起点金额为100 元，追加认购最低金额、申购最低金额均为 1 元，单笔赎回最低份额 1 份，基金账户最低基金份额余额为 1 份。工银瑞信首页界面如图 5-19 所示。

■ 图 5-19 工银瑞信首页界面

薪金宝的流动性体现在支持 T+1 赎回到账，申购 T+1 计息。工银薪金宝流动性介于灵通快线与工银货币二者之间，收益也介于二者之间，适合需要资金流动便捷和期待高于定期存款预期收益的用户。

薪金宝主要投资于短期货币工具，如国债、央行票据、商业票据、银行定期存单、企业债券、同业存款等。薪金宝在所有证券投资基金中，风险相对较低，收益性相对稳定，适合偏好银行理财产品、货币市场基金和银行活期储蓄的投资者。

专家提醒

工银货币是"工银瑞信货币市场基金"的简称，成立于 2006 年 3 月，投资于存款、短期债券和债券回购及央行票据等流动性较好的货币工具。当期累计分配的基金收益为正值，持有人增加相应的基金份额；如当期累计分配的基金收益为负值，则为持有人缩减相应的基金份额。投资者可通过赎回基金份额获取现金收益。

060　华夏银行——薪金宝

华夏薪金宝是智能自动申赎的货币基金，是由华夏基金与中信银行 2014 年 7 月 23 日联手为个人用户打造的一项活期资金余额增值服务。华夏薪金宝的特色在于其申购赎回全自动模式及支付取现功能。用户在各中信银行网点就可以办理相关业务并购买华夏薪金宝。本节将介绍华夏薪金宝的具体收益情况。

华夏薪金宝的万份收益为 0.7304，7 日年化收益为 2.6510%，如图 5-20 所示，是能实现 ATM 取现、POS 机刷卡、转账汇款的货币基金，其具体功能如图 5-21 所示。

■ 图 5-20　华夏薪金宝的收益数据

能ATM取现的货币基金：智能赎回，即用即取
华夏薪金宝支持余额理财申购，投资者可灵活设定银行账户活期账户的保底金额（最低保底金额仅为1000元），超出部分自动申购华夏薪金宝货币基金，最大程度优化现金管理。急用钱快速变现，支持ATM机取现，即用即取。（注：单个基金账户单日快速变现限额在交易日为50万元）

能POS机刷卡的货币基金：自动变现，想刷就刷
普通货币基金使用时需提前赎回，到账后才能使用。华夏薪金宝智能变现，用户可灵活设定银行账户活期账户的保底金额（最低保底金额仅为1000元），超出部分自动申购华夏薪金宝货币基金；当用户卡面余额不足时系统会自动触发快速变现基金份额，刷卡消费无忧无虑。

能转账汇款的货币基金：随用随转，快速到账
华夏薪金宝货币基金账户只关联中信银行借记卡，只在同一张借记卡上完成资金转入转出，银行卡理财，交易更安全。还信用卡、车贷、房贷急用钱，无需赎回，直接转账汇款，自然日0:00至24:00支持快速变现，保障资金流动性，轻松享受生活。

■ 图 5-21　华夏薪金宝的具体功能

华夏薪金宝支持余额理财申购，投资者可灵活设定银行账户活期账户的保底金额（最低保底金额仅为 1000 元），超出部分自动申购华夏薪金宝货币基金，最大程度优化现金管理。

专家提醒

　　自动转入资金在第二个工作日由基金公司进行份额确认，对已确认的份额会开始计算收益。同时，卡内活期余额不足时将自动赎回基金份额，用户无需赎回操作便可以在全国各家银行的 ATM 机上直接取款、转账、POS 机刷卡消费。但其实质是货币基金，仍有风险。

061　平安银行——平安盈

　　平安银行的平安盈业务，也是很有竞争力的网银版货币基金 T+0 业务。本节将介绍平安盈的特点和具体收益情况。

　　平安盈业务不能用普通的网银直接购买，而需要在线开设一个平安银行的虚拟理财账户"财富 e"，这个账户开立后自动就被纳入网银管理，之后登录"财富 e"网银即可购买平安盈的货币基金。平安盈的特点如图 5-22 所示。

■ 图 5-22　平安盈的特点

专家提醒

　　平安盈提供了两种货币基金可供选择，一种是南方现金增利货币，另一种是平安大华日增利货币。从历史业绩和近期表现看，建议购买南方现金增利（每日赎回限额也是南方现金增利高，每日 100 万，平安大华日增利只有每日 20 万）。从近半年的收益情况看，南方现金增利 A 的收益（近半年 2.69%）也与余额宝（近半年 2.74%）基本持平。

062　移动理财——和聚宝

本节将介绍和聚宝的具体特点。

和聚宝是中国移动的和包平台于 2014 年 8 月 13 日推出的首款用户理财产品。和聚宝的实质是货币基金。2014 年 9 月 10 日，和聚宝领跑所有宝类产品，当时最新 7 日年化收益率为 5.189%，前一天收益率更是高达 5.204%，这也使和聚宝连续 3 天 7 日年化收益率保持在 5% 以上。2014 年 11 月 22 日，中国人民银行下调金融机构人民币贷款和存款基准利率后，各类理财产品的收益均出现了不同程度的波动下滑，和聚宝的年化收益率坚挺地保持在 5% 左右。和聚宝的特点如图 5-23 所示。

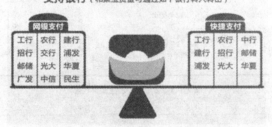

■ 图 5-23　和聚宝的特点

用户仅需开通和聚宝账户，将资金转入和聚宝，既可获得远超银行活期的稳健收益；同时，用户还可以使用和聚宝资金随时随地充话费，并可办理"自动充话费"业务。

和聚宝支持 T+1（2 个工作日内到账）和 T+0（2 小时内到账）两种模式，方便用户灵活处理资金的转出，不过仅支持转出至用户本人的储蓄卡。

　　和聚宝账户中的资金可签约绑定自动充话费，当手机话费账户余额不足时，和聚宝可自动将定额话费转入手机话费账户，相当于一个资金增值的话费副账户，并且手机用户可以享受永不停机的服务。

063　联通理财——话费宝

　　话费宝是深圳联通与安信基金合作专为联通业务量身定做的货币基金宝类产品，如图 5-24 所示。

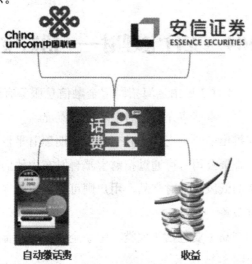

自动缴话费　　　　　　　　收益

■ 图 5-24　话费宝

　　话费宝的运作原理是：联通用户将合约计划涉及的全部费用投资于所对接的安信基金管理的货币基金，基金将对应的基金份额予以冻结，并由这部分被冻结的基金份额帮助用户自动支付每月的套餐费用。通过话费宝，用户盘活了原先用于消费的资金，使其衍生出投资收益，从而实现资金价值的最大化，并免除了自助缴费的麻烦。不过，目前合约机套餐计划的冻结时间至少需要 24 个月。

专家提醒

　　在基金行业，话费宝第一次提出了"基金份额预先冻结＋周期性过户"的交易结构，借此赋予了货币基金支付功能，既保证了套餐费用的自动缴纳，又保证了投资收益的最大化。例如，用户选择冻结 7799 元的货币基金份额，即可免话费获得一部市场价为 4800 元的 iPhone 5s（16G），同时享受每月 368 元、持续 24 个月的话费流量套餐。按照套餐计划的合约规定，用户的话费资金每个月从冻结基金份额中扣除以支付话费。一部 iPhone 5s 加上 24 个月的话费套餐，合计市场价值为 11580 元，而话费宝一价全包的价格是 7799 元，可节约 6265 元，合约期满还有一定的投资收益作为执行合约计划的红利。

064　支付宝理财——招财宝

　　招财宝是 2014 年 4 月 3 日由上海招财宝金融信息服务有限公司旗下独立运营的金融信息服务平台。本节将介绍招财宝理财的概况。

　　招财宝是支付宝推出的一个支持随时变现的定期理财平台，各类金融机构，如银行、保险公司、基金公司等可通过招财宝平台发布由他们依法设立和管理的固定期限、稳定收益的低风险理财产品，用户则可以在招财宝中获得简单快捷、安全放心的定期理财服务。

　　目前该平台上的产品主要包括 3 大类：中小企业贷、基金产品、保险产品。招财宝的首页界面如图 5-25 所示。

■ 图 5-25　招财宝的首页界面

招财宝和余额宝相比，更接近微信的理财通，属于平台类理财入口，这其中可以囊括以余额宝为代表的货币基金型理财产品和以元宵理财为代表的定期理财产品。

招财宝公司在理财产品发布机构、融资人与投资人之间提供居间金融信息服务，以帮助双方完成交易。招财宝公司不发布任何理财产品或借款项目，不设立资金池，亦不为交易双方提供担保。

支付宝于 2014 年元宵节推出"元宵理财"保险产品，期限为 1 年，预期收益率为 7%，承诺保本保底。这是继余额宝之后，支付宝推出的第二款理财产品，仅支持余额宝用户参与预约、购买。投资者有 10 天的考虑期，10 天内退保将收取不超过 10 元的手续费。

065　易付宝理财——零钱宝

苏宁云商的余额理财产品于 2014 年 1 月 15 日正式面市，其下属子公司南京苏宁易付宝网络科技有限公司已获得中国证监会批准，联合广发、汇添富基金公司推出余额理财产品——零钱宝。本节将介绍使用零钱宝理财的具体方法。

打开易付宝首页界面，如图 5-26 所示。

"零钱宝"转入后需要由基金公司进行份额确认后才会开始计算收益。点击"零钱宝"，如图 5-27 所示。进入零钱宝界面，查看收益数据，点击开始赚钱，如图 5-28 所示。

零钱宝转入资金时需要注意以下事项：

（1）零钱宝单笔转入金额最低为 1 元，为正整数即可。根据基金行业历史经验，建议零钱宝转入金额为 300 元以上，可以有较高概率看到收益。若当天收益不到 1 分钱，系统可能不会分配收益，且不会累积。零钱宝持有金额不超过100 万，若用户的零钱宝金额因收益增加而超过 100 万，则不受影响。

（2）零钱宝转入创建订单成功，但并未支付时，可从交易记录中找到该笔订单再次支付。

（3）转入后不支持退款，只能转出。零钱宝消费发生退款时，零钱宝支付的部分会退回到易付宝账户里。

（4）零钱宝转入后需要由基金公司进行份额确认后才会开始计算收益。在"零钱宝"界面可以查看收益数据。

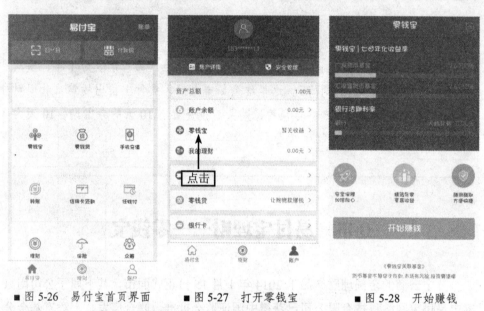

■ 图 5-26　易付宝首页界面　　　■ 图 5-27　打开零钱宝　　　■ 图 5-28　开始赚钱

066　翼支付理财——添益宝

添益宝是中国电信旗下的翼支付为广大用户推出的基于货币基金的余额增值服务。本节将介绍添益宝的概况和作用。添益宝是一种非常方便、操作灵活、随时提现，还可获得收益的理财产品，其首期合作伙伴是中国民生银行，如图 5-29 所示为添益宝的相关介绍。

■ 图 5-29　解读添益宝

　　添益宝将理财、支付账户二合一，理财收益、支付优惠两不误。用户无须网上分别开设支付、理财两个账户，无须认购，存入翼支付账户的资金自动理财。添益宝目前支持的产品有中国民生银行的如意宝，对接汇添富货币基金；上海银行的慧财宝，对接上银基金；嘉实货币 A，对接嘉实基金。

　　在获取收益的同时，用户还可以享受翼支付线上线下支付打折优惠消费。开通添益宝后，中国电信用户的翼支付账户可以随时随地消费（网上购物、转账、信用卡还款、充话费等）。

067　同花顺基金——收益宝

　　收益宝是同花顺基金销售有限公司针对优选货币基金推出的现金产品，基金理财是基于货币基金的理财，对收益宝账户充值，实质是申购了市场上过往业绩较为稳健的货币基金，实现了通过基金理财的功能。本节将介绍收益宝的具体收益情况。

　　财富的积累是一个长期的过程，现金积累既能让现有财富保值增值，又能为将来提供一份可靠的保障。收益宝可以帮客户用闲置资产实现现金收益的最大化。

　　充值收益宝，即购买货币基金，收益达活期存款的 8 ~ 15 倍，可超一年定存。和同类产品比，收益宝可购买的货币基金更多，选择余地更大，收益更可观。打开收益宝 APP，用手机查看收益数据，如图 5-30 所示。

■ 图 5-30　收益宝的收益数据

　　和同类产品比，收益宝可购买的货币基金更多，选择余地更大，收益更可观。用户可以购买包括广发货币 A、南方现金增利货币 A、国泰现金管理货币 A、银华货币 A、国泰货币、景顺长城货币 A、博时现金收益货币、上投摩根货币 A 这 8 款产品。

专家提醒

　　收益宝具有基金理财和现金管理两大基础功能。

　　（1）基金理财：基金理财是基于货币基金的理财功能，对收益宝账户充值，实质是申购了市场上过往业绩较为稳健的货币基金，实现了通过基金理财的功能。

　　（2）现金管理：财富的积累是一个长期的过程，现金积累既能让现有财富保值增值，又能为将来提供一份可靠的保障。收益宝可以帮客户用闲置资产实现现金收益的最大化。

068　天天基金——活期宝

　　本节将介绍活期宝的特点以及收益情况。

　　活期宝（原天天现金宝）是天天基金网推出的一款针对优选货币基金的理财

工具。充值活期宝（即购买优选货币基金），收益可达活期存款的 10 倍，远超过一年定存，并可享受 7×24 小时快速取现、实时到账的服务。活期宝的收益数据如图 5-31 所示。

■ 图 5-31 活期宝的收益数据

值得一提的是，天天基金网推出独家功能——活期宝一键互转，方便用户在活期宝内多货币基金间的相互转换，满足用户随时将低收益货币基金转换成高收益货币基金的需要，在互转过程中，收益也不会间断。活期宝一键互转的收益数据如图 5-32 所示。

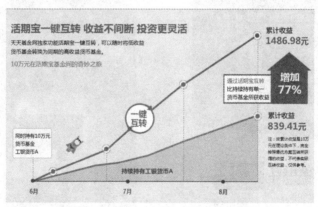

■ 图 5-32 活期宝一键互转的收益数据

069 鹏华基金——盈利宝

盈利宝是一款高效现金管理及投资理财平台，其最大特点是集储蓄和理财的功能于一体，由美国纳斯达克上市公司、中国著名财经网站金融界推出。盈利宝的 3 大特点如图 5-33 所示。

盈利宝3大特点

盈利宝是一款采用货币基金作为用户"活期"增值的理财工具，同时账户提供更多低风险资产增值方案。

·存取款
资金存入盈利宝，即可享受鹏华货币基金收益，过去8年收益大幅高于活期储蓄利息。一键设定按月存款，每月自动帮用户完成存款计划。

·还款
设定还款计划，盈利宝为用户提供自动还款服务，定点还款，指令必达。

·个人转账
支持个人账户间转账，实时到账。

■ 图 5-33　盈利宝的 3 大特点

同时，盈利宝推出了手机 APP，如图 5-34 所示，能让移动用户随时随地管理财富，无论用户身处何地，都能通过手机完成存款、取款、转账、还款等功能，为用户带来便捷的城市生活体验，如图 5-35 所示。

■ 图 5-34　盈利宝首页　　　　　■ 图 5-35　手机盈利宝界面

注册盈利宝，点击手机 APP 里的"注册"按钮，如图 5-36 所示。输入手机号码，获取验证码，如图 5-37 所示。输入验证码，即可完成注册。

■ 图 5-36 点击"注册"按钮　　■ 图 5-37 获取验证码

MOBILE
MONEY
HANDBOOK

第6章

移动储蓄理财——手机银行更便捷

学前提示

虽然银行业对手机银行早有涉足，但一直缺乏创新与变革的动力。近年来，随着以余额宝为代表的互联网金融产品对传统银行业务带来冲击，银行开始做出积极反应，手机银行 APP 也正在一步步取代传统的银行柜台和 PC 端口，逐渐成为银行开展业务的新门户。

要点展示

手机银行查询账户余额
手机银行查询支付明细
手机银行汇款
开通建银 e 账户
无卡取现

070 手机银行查询账户余额

用户可根据前面章节的方式安装、注册、登录建设银行的手机银行软件，登录软件后查看账户明细的方法如下：

（1）打开建设银行 APP，输入身份证号和密码进行登录，如图 6-1 所示。

（2）点击"我的账户"按钮，如图 6-2 所示。

（3）卡号下方会显示银行卡余额，如图 6-3 所示。

■ 图 6-1 输入身份证号和密码

■ 图 6-2 点击"我的账户"按钮

■ 图 6-3 余额界面

专家提醒

手机银行也称为移动银行，是利用移动通信网络及终端办理相关银行业务的简称。其实各大银行的手机银行客户端使用方式大同小异，功能也都比较类似，如果不是建设银行的用户，也可参照本节所述内容进行操作。

071 手机银行查询交易明细

用户可对交易的明细等信息进行详细查询。进入"我的账户"界面，点击"详情"按钮，如图 6-4 所示，即可查看明细，如图 6-5 所示。

■ 图 6-4 点击"详情"按钮

■ 图 6-5 查看明细

072 手机银行查询支付明细

如果用户使用银行卡的网银功能进行网上支付，则银行卡转出资金时会生产一个订单号（流水号），该订单号是网购维权的重要凭证，可证明用户确实已经进行付款操作。对于常常网购的用户来说，一定要明白如何查询网上购物的明细。用建设银行的手机银行查询网上购物明细的具体方式如下：

（1）进入主界面后右滑，如图 6-6 所示。

（2）用户可点击"网上支付"按钮，如图 6-7 所示。

■ 图 6-6 右滑

■ 图 6-7 点击"网上支付"按钮

（3）点击"网上支付明细查询"按钮，如图6-8所示。

（4）输入起始时间和终止时间，如图6-9所示。

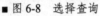

■ 图6-8 选择查询 ■ 图6-9 输入查询时间

（5）点击"详细信息"按钮，如图6-10所示。

（6）显示订单编号，这是重要的交易凭证，复制单号并保存，如图6-11所示。

■ 图6-10 显示详情 ■ 图6-11 复制单号

073 智能语音查询

随着智能手机的普及，语音功能越来越强大，不仅体现在通话、聊天功能上，现在连手机银行转账汇款都可以通过语音识别来搜索界面，非常人性化。以兴业银行的手机银行为例，其用法如下：

（1）打开手机银行界面，左滑，如图6-12所示。

（2）显示语音对讲功能，说出要进行的操作，如图6-13所示。

■ 图6-12　左滑

■ 图6-13　语音操作

专家提醒

　　"智能语音"功能还可自动识别收款人姓名、金额、需要充值话费的手机号等信息，实现"语音转账""语音手机充值""语音无卡取现"3个完整指令操作。例如，用户对着手机说出"给××转账×元"，"手机充值×元，手机号××××"，"无卡取现×元"，系统将自动完成所有信息的录入，用户只需要继续输入交易密码即可完成操作，极大地简化了用户烦琐的操作和信息输入等流程。目前，该"智能语音"支持普通话和粤语两种语音的识别。

074　手机银行添加常用收款人

　　兴业手机银行提供使用较为方便的"收款人"系统，用户可将常用的收款人进行手动添加，方便日后进行汇款。

（1）进入主界面后点击"转账汇款"按钮，如图6-14所示。

（2）在"转账汇款"界面点击"常用收款账户管理"按钮，如图6-15所示。

■ 图 6-14 点击"转账汇款"按钮

■ 图 6-15 点击"常用收款账户管理"按钮

（3）点击"增加行内收款账户"按钮，如图 6-16 所示。

（4）填写收款人账号和户名，如图 6-17 所示。

■ 图 6-16 点击"增加行内收款账户"按钮

■ 图 6-17 输入账号和户名

075　手机银行汇款

用户可绑定手机号收款业务，以方便其他用户给自己汇款，以兴业银行为例，其方式如下：

（1）在软件主界面点击"转账汇款"按钮，如图 6-18 所示。

（2）在"转账汇款"界面中点击"行内转账"按钮，如图 6-19 所示。

（3）输入收款账号和户名、转账金额，如图6-20所示。

■图6-18 点击"转账汇款"按钮

■图6-19 点击"行内转账"按钮

■图6-20 输入转账信息

076 使用手机号汇款

用户可向兴业银行已绑定手机号的收款人进行汇款，按照前述方式进入汇款方式界面，点击"转账汇款"按钮，如图6-21所示。显示界面后点击"手机号转账"按钮，如图6-22所示。填写手机号信息后点击"下一步"按钮，如图6-23所示。用户可参照通过银行卡号转账的方式完成后续支付步骤，这里不再赘述。

■图6-21 点击"转账汇款"按钮

■图6-22 点击"手机号转账"按钮

■图6-23 点击"下一步"按钮

077　使用二维码收款

　　用户可使用二维码收款，以方便其他用户给自己汇款，以兴业银行为例，其方式如下：

　　（1）按前述方式点击"转账汇款"按钮，如图6-24所示。

　　（2）点击"生成收款账户二维码"按钮，如图6-25所示。

　　（3）扫描二维码，或者从相册中读取二维码，如图6-26所示。

　　（4）显示二维码，保存到手机里，如图6-27所示。

■ 图6-24　点击"转账汇款"按钮

■ 图6-25　点击"生成收款账户二维码"按钮

■ 图6-26　读取二维码

■ 图6-27　保存二维码

> **专家提醒**
>
> 　　关于二维码支付的安全性，首先，登录手机银行需要输入密码，这是第一道保障；其次，在生成二维码付款时又有交易密码，这是第二道保障。二维码生成之后是当天有效的，过了当天的 24:00，二维码就会失效，在时间效用上，减少了二维码被盗用的风险。

078　开通建银 e 账户

　　建设银行大部分缴费等生活服务功能都需要开通"建银 e 支付"功能，用户可直接使用手机进行开通，其流程如下：

　　（1）在主界面点击"e 账户"按钮，如图 6-28 所示。

　　（2）进入"e 账户"界面，点击"e 账户开户"按钮，如图 6-29 所示。

　　（3）输入绑定账号，阅读开户须知后，点击"下一步"按钮，如图 6-30 所示。

■ 图 6-28　点击"e 账户"按钮

■ 图 6-29　点击"e 账户开户"按钮

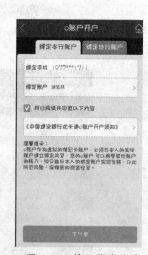

■ 图 6-30　输入绑定账户

079 修改手机银行登录密码

用户可修改自己手机银行的登录密码，以兴业手机银行为例，其具体方式如下：

（1）在"手机银行"界面中，点击"服务管理"按钮，如图6-31所示。

（2）点击"修改手机银行登录密码"按钮，修改登录密码，如图6-32所示。

（3）进入"修改登录密码"界面，输入原登录密码、新登录密码、确认新密码，点击"确定"按钮，即可完成登录密码修改，如图6-33所示。

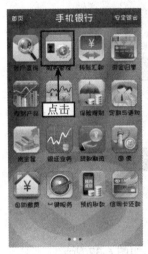

■ 图6-31 点击"服务管理"按钮

■ 图6-32 修改登录密码

■ 图6-33 修改登录密码

专家提醒

网上银行登录密码是自助注册或在柜台开通网上银行时根据提示自行设定的用于登录网上银行的密码，在首次登录个人网上银行时，系统会提示将登录密码修改为6～30位数字与字母组合的形式，且区分字母大小写。

080 修改银行卡取款密码

用户可以通过手机银行免费开通登录提醒服务，银行会以短信的形式提示用户登录网银的时间等信息。以兴业银行为例，其开通方式如下。

（1）按前述方式进入"手机银行"界面后，点击"服务管理"按钮，如图 6-34 所示。

（2）点击"安全保护"按钮，如图 6-35 所示。

■ 图 6-34 点击"服务管理"按钮

■ 图 6-35 点击"安全保护"按钮

（3）点击"修改取款密码"按钮，如图 6-36 所示。

（4）在打开的界面输入旧取款密码、新取款密码，如图 6-37 所示。

■ 图 6-36 点击"修改取款密码"按钮

■ 图 6-37 输入密码

081 无卡取现

随着无卡支付、无卡存取款业务的上线，越来越多的银行卡用户不需要实体卡片的支持，就可以办理很多日常的金融业务。或许有一天，银行卡也会同存折一样，淡出我们的生活。

无卡取现，顾名思义就是不通过银行卡即可取钱。无卡取现的办理程序比有卡取款多了一个步骤，它需要在手机上提前预约，并根据提示预留"预约码"，确定该预约的有效时间，输入取现金额和指定取款账号，并通过口令卡或动态密码等方式进行身份认证。

随着越来越多的银行加入到"无卡取现"的行列，这一功能已经从特色功能变成了一项标准配置。其实无卡取现只是脱离了银行卡这一载体，利用手机银行的预约功能，与银行系统进行联络，在 ATM 机上以手机号码和预约码的验证来确定取款信息，帮助取款人从 ATM 机上取得现金。下面以建设银行的手机银行为例，介绍如何进行无卡取现。

（1）进入 APP 主界面后，点击"特色服务"按钮，如图 6-38 所示。

（2）进入"特色服务"界面后，点击"特约取款"按钮，如图 6-39 所示。

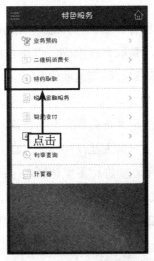

■ 图 6-38 点击"特色服务"按钮　　　■ 图 6-39 点击"特约取款"按钮

（3）进入"特约取款"界面后，点击"申请特约取款"按钮，如图 6-40 所示。

（4）阅读业务介绍后，点击"接受"按钮，如图 6-41 所示。

（5）返回信息填写界面，并点击"下一步"按钮，如图 6-42 所示。

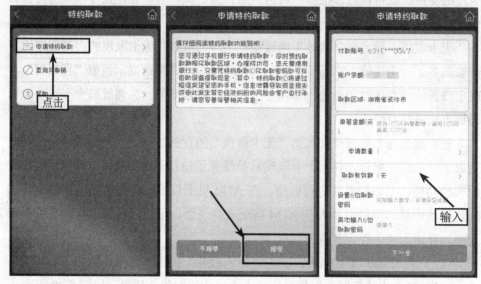

■ 图 6-40　点击"申请特约　　■ 图 6-41　点击"接受"按钮　　■ 图 6-42　填写相应信息
取款"按钮

目前，已有多家银行开通这项服务，不过有些用户会认为常有一些犯罪分子通过各种手段盗取客户密码，致使客户的钱被取走，有卡尚且能够被盗，那么仅凭手机预约码和密码等就能取款，肯定存在安全隐患，犯罪分子也容易钻空子。

其实，ATM 机无卡预约取款的安全性还是比较高的。无卡取现的功能仅向手机银行的注册客户提供，也就是说，必须在柜台开通手机银行的客户才可使用，自助注册的用户则无法使用这一功能，这一点也主要是从安全性的角度来考虑的。另外，该业务还要进行多重认证，包括登录手机银行、银行卡卡号、登录密码等，而 ATM 机交易则需要交易密码，同时还需要预约码。因此，其安全性能相对较高，用户在必要的情况下完全可以使用该方式取现。

对于无卡取现的额度，银行的设置是安全性条件越强，可取现的额度越高。

工商银行规定：使用银行卡账号登录的口令卡客户，手机预约取现单笔最高金额为 1000 元，日累计金额为 5000 元；使用动态密码器登录的客户，预约取现的单笔最高金额和日累计金额为 20000 元。

建设银行规定：每笔无卡取现的金额上限是 2500 元，当日的总限额是 20000 元。

交通银行的手机银行规定：无卡取现单笔最高金额 1000 元，日累积金额为 5000 元。

082　微信添加银行公众号

互联网对传统金融业的影响已越来越明显，银行通过微信公众平台，可以发挥低运营成本、低推广成本、跨平台开发等优势。过去很多需要到银行柜台办理的业务正在渐渐向手机端转移。

本期信用卡应还多少钱？最近的 ATM 机在哪里？现在都有哪些理财产品正在出售？发条微信，就会得到答案。用户可以通过微信平台完成网点查询、贷款、办卡申请和跨行归集等多项业务，甚至可以查询到网点的排队人数。

用户若要享受到这样的便利，只需添加各大银行的公众微信账号即可，一般可通过名字查询、账号查询、扫描二维码 3 种方式进行添加。有些银行需要开通"短信银行"业务才能使用微信银行，用户可致电银行客服，按照其要求、提示，先开通短信银行业务。本节以"中国建设银行"公众号为例，介绍添加银行公众号的方法，其使用方法如下：

（1）进入微信主界面，点击"添加朋友"按钮，如图 6-43 所示。

（2）选择公众号添加，点击"公众号"按钮，如图 6-44 所示。

■ 图 6-43 点击"添加朋友"按钮　　■ 图 6-44　点击"公众号"按钮

（3）输入"建设银行"，点击"搜索"按钮，如图 6-45 所示。

（4）点击"关注"按钮，如图 6-46 所示。

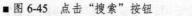

■ 图 6-45　点击"搜索"按钮　　■ 图 6-46　点击"关注"按钮

专家提醒

在微信中绑定银行储蓄卡之后，就算 0.01 元的收入或者支出，微信都会有提醒，当然，前提是 24 小时都开着微信，不常开微信的用户，是无法享受这种便捷服务的。

相比于有延时问题的短信提醒，微信提醒几乎是瞬时到达的，只要网络没有问题并开启微信，那么微信就能随时帮用户监控资金变动情况，但银行向微信推送的信息只有单向性，微信平台不会知道用户银行卡中的金额，这一方面用户可以放心。

083　微信银行查询账单

以招商银行为例，通过微信银行查询信用卡账单的方法如下：

（1）在微信主界面中，点击底部的"通讯录"按钮，如图6-47所示。

（2）执行该操作后，立即进入通讯录界面，点击"公众号"按钮，如图6-48所示。

■ 图6-47　点击"通讯录"按钮　　■ 图6-48　点击"公众号"按钮

（3）执行该操作后，立即进入"公众号"界面，点击"中国建设银行"按钮，如图6-49所示。

（4）执行该操作后，立即进入"中国建设银行"公众平台，如图6-50所示，点击底部的"微金融"按钮，在弹出的列表框中选择"账户查询"选项。

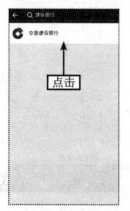

■ 图6-49　点击"中国建设银行"按钮　　■ 图6-50　选择账户查询

专家提醒

建行举行"建行手机银行 月用月有礼"活动，每月一期，建行手机银行客户在活动当期办理4笔（含）以上手机银行指定交易可登记参加抽奖活动，获奖者可获赠建行善融商务电子券，交易送积分（仅限新签约客户参加）；活动期间新签约的手机银行客户自签约日起至次月末办理4笔（含）以上指定手机银行交易，除可以获得电子银行基础积分外，还可获赠5000电子银行积分（每位客户仅赠送一次）。

084　紧急挂失银行账号

在现代社会中，如果自己的银行卡丢失了，首要做的就是挂失，以免被不法分子利用，造成钱财丢失。现在利用手机银行也可挂失，非常方便，紧急挂失以保证资金安全，本节将以建设银行手机客户端紧急挂失为例，讲解使用方法。

（1）打开建设银行的手机银行APP，点击"服务管理"按钮，如图6-51所示。

（2）点击"紧急挂失"按钮，即可完成用手机挂失银行卡操作，如图6-52所示。

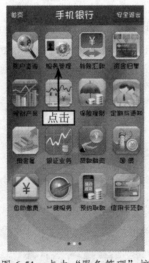

■ 图6-51　点击"服务管理"按钮　　　■ 图6-52　点击"紧急挂失"按钮

专家提醒

用户通过手机银行可对指定的账户（银行卡、存折）办理电话挂失，经系统查验身份无误后，登记"挂失止付登记簿"。手机银行挂失视同口头挂失，客户须在 5 天内到银行柜台补办挂失手续。

第7章

移动信用卡理财——手机帮你管卡

学前提示

随着互联网的不断发展和人们对便捷生活的追求，在信用卡的运用上，除了网上银行外，手机银行的出现也在逐渐改变着每一个人的生活，利用网上银行和手机银行管理信用卡，将会更加快捷方便。

要点展示

什么是信用卡
手机申请信用卡
用手机银行还款
信用卡怎么省钱
信用卡积累积分

085   什么是信用卡

信用卡是一种可以在卡里没有现金的情况下进行普通消费，并按期归还消费金额的银行卡。信用卡是一种非现金交易付款的方式，也是简单的信贷服务，由银行或信用卡公司依照用户的信用度与财力发卡给持卡人，持卡人持信用卡消费时无需支付现金，在最后还款日前还款即可。

信用卡一般长85.60毫米、宽53.98毫米、厚1毫米，具有消费信用的特制载体，是银行向个人和单位发行的一种凭证，凭此卡可向特约单位购物、消费和向银行存取现金，其正面印有发卡银行名称、有效期、号码、持卡人姓名等内容，背面有磁条、签名条。

❶ 信用卡正面：显示发卡银行名称及标识、信用卡组织标识（国际组织标识）、卡号、英文或姓名拼音、启用日期（一般计算到月）、有效日期（一般计算到月），如图7-1所示。

❷ 信用卡背面：显示有卡片磁条、持卡人签名栏（启用后必须签名）、境内外服务热线电话、卡号末4位号码或全部卡号（防止被冒用）、信用卡安全码（在信用卡背面的签名栏上，紧跟在卡号末4位号码后的3位数字，用于电视、电话机网络交易等），如图7-2所示。

■ 图7-1   信用卡正面信息图解

卡号后四位

签名条

24 小时客户
服务热线

安全码

■ 图 7-2　信用卡背面信息图解

086　手机申请信用卡

现在，很多银行为了方便用户推出了手机客户端，只要用户的手机连接无线或是 3G 网络，直接用手机即可申请到自己需要的信用卡。手机申请信用卡的基本流程为：登录手机银行，点击"信用卡"按钮，再点击"信用卡申请"按钮，选择申请的卡种，阅读并签署领用协议，补充少量个人信息和信用卡信息，确认无误后提交，即完成申请。如图 7-3 所示为申请信用卡的不同方式。

■ 图 7-3　手机申请信用卡的方式

专家提醒

　　建设银行信用卡客户可通过访问手机网随时随地申请信用卡，此外，手机银行签约客户还可通过登录手机银行实现 24 小时在线办理信用卡服务。客户只要持有信用卡，不管是否开通手机银行，用手机在网上选择卡种并接受《信用卡领用协议》即可完成申请，无需再前往网点办理。需要注意的是，并不是所有银行都支持手机申请信用卡，只有开通了信用卡在线申请服务的银行才能申请，同时手机申请信用卡后一般都会有银行工作人员上门进行服务。

087　51 信用卡管家的下载与使用

　　超前消费已经成为许多人的生活方式，信用卡就是实现这一生活方式的关键，而信用卡的管理，则成为能否让这种消费方式继续下去的重中之重。本节将介绍手机信用卡的好助手——51 信用卡管家，其下载与使用方法如下：

　　（1）打开软件商店后，搜索"51 信用卡管家"，点击"下载"按钮，如图 7-4 所示。

　　（2）下载过程中将显示下载进度，如图 7-5 所示。

　　■ 图 7-4　点击"下载"按钮　　　　■ 图 7-5　显示下载进度

　　（3）下载完毕，系统自动安装软件，如图 7-6 所示。

（4）在手机里找到"51 信用卡管家"按钮，即安装成功，点击该按钮即可打开 APP，如图 7-7 所示。

■ 图 7-6　自动安装

■ 图 7-7　点击打开

51 信用卡管家是一款具有管理信用卡功能的手机应用，包含一键绑定邮箱功能，用户不需要输入任何信息，即可使用信用卡账务管理服务。此外，用户还可以使用该应用查阅账单余额、消费明细、免息日计算、各种消费报表等，及时获得还款提醒，对于信用卡用户而言是不可或缺的手机理财工具，其主界面如图 7-8 所示。

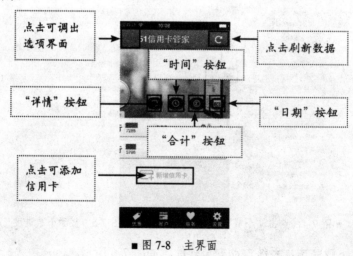

■ 图 7-8　主界面

51信用卡管家的大部分功能都可用主界面的功能按钮实现，常用功能如下：

（1）在主界面点击"详情"后，即可将每张信用卡的详情显示在主界面上，如图7-9所示。

（2）在主界面点击"时间"后，即可查看该信用卡的"刷卡免息"时间，如图7-10所示。

■ 图7-9 信用卡详情 　　　　　　　　■ 图7-10 查看信用卡的"刷卡免息"时间

（3）在主界面点击"合计"按钮后，即可查看本期所有信用卡的具体使用状况，如图7-11所示。

（4）在主界面点击"日期"按钮后，即可查看还款日期，如图7-12所示。

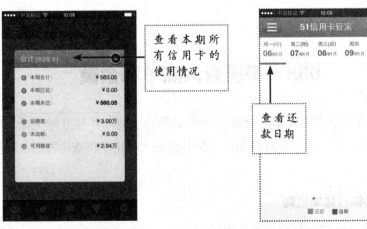

■ 图7-11 信用卡具体使用情况 　　　■ 图7-12 信用卡还款日期

（5）在 51 信用卡管家主界面点击所需还款的银行卡，在该银行卡账单界面点击"一键还款"按钮，即可进入还款界面，如图 7-13 所示。

（6）在"支付宝还款"界面点击"提交申请"按钮，即可跳转至支付宝界面，用户可以根据提示使用支付宝进行还款，如图 7-14 所示。

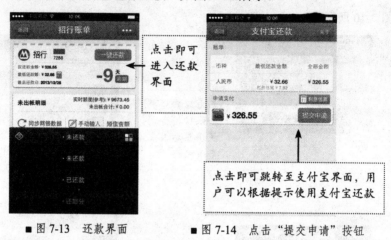

■ 图 7-13　还款界面　　　　■ 图 7-14　点击"提交申请"按钮

常用的信用卡手机管理软件还有"卡牛"，或是直接通过各大手机银行客户端进行管理。一般来说，信用卡助手类的软件功能更多，而使用手机银行管理信用卡相对更安全。

088　手机查询账单和余额

用手机查询信用卡账单和余额是非常实用的功能，并且方便快捷，可随时掌握账户资金动态。本节以建设银行为例介绍如何使用手机查询信用卡账单以及余额。

1. 手机银行账单查询

使用手机银行查询账单的操作步骤如下：

登录手机银行，点击"信用卡"按钮，在"查询服务"中点击"账单查询"按钮，确认账户后，进入"账单查询"界面，如图7-15所示。

■ 图7-15 "账单查询"界面

2. 手机银行查询余额

除查询账单外，使用手机银行还可查询余额，操作步骤如下：

（1）登录建设银行手机银行，点击"信用卡"按钮，在"查询服务"界面点击"余额查询"按钮，在"余额查询"界面选择账户，如图7-16所示。

（2）确认账户之后，便可进行账户余额查询，如图7-17所示。

■ 图7-16 选择账户

■ 图7-17 余额查询界面

089 信用卡分期付款

面对一件心仪的商品，虽然有购买实力，但由于手头的资金有限，不能马上拥有，是一件很遗憾的事情。银行针对这个问题，对有稳定收入的客户群推出分期付款服务，大到买房、买车，小到买手机，都可通过分期来减轻经济压力。

信用卡分期付款实际上也是一种个人信贷，只不过信用卡分期付款相比个人信贷手续更简单、快捷，更重要的是省钱。持卡人在购买大件商品时申请分期付款，不必一次性拿出大额现金，这对资金相对紧张的工薪一族来说是一种不错的选择，如图7-18所示。

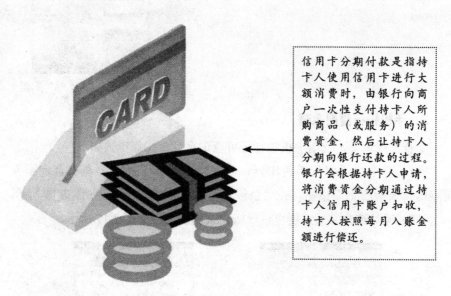

信用卡分期付款是指持卡人使用信用卡进行大额消费时，由银行向商户一次性支付持卡人所购商品（或服务）的消费资金，然后让持卡人分期向银行还款的过程。银行会根据持卡人申请，将消费资金分期通过持卡人信用卡账户扣收，持卡人按照每月入账金额进行偿还。

■ 图7-18 信用卡分期付款

专家提醒

信用卡的分期付款业务的确可以给临时缺少资金的持卡人提供一个不错的消费融资渠道和服务，但信用卡分期付款消费主要集中在商品消费领域，如买车、购买大宗家具家电、进行装修等，对于其中某些领域的分期付款消费，还必须与银行指定的客户进行合作消费，方可申请分期付款服务，至于一些金融性的消费，则完全不可使用。需要注意的是，大多数银行在分期付款服务方面都有一条规定："若持卡人申请提前清偿未偿付的分期余额，经我行核准后，持卡人必须一次性支付未偿付的分期余额及手续费。"

090　信用卡分期付款的陷阱

"一手交钱，一手交货"是人类发明了货币以后最基本的交换方式。现在绝大部分的购买行为还是采用这样的方式，但现代金融体系和信用体系的建立让用户有更多购买方式可选择，其中，信用卡的使用和分期付款的购货方式，就是现代金融制度为生活带来的便利，信用卡分期付款的陷阱主要包括 5 个方面，如图 7-19 所示。

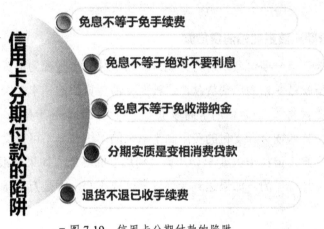

■ 图 7-19　信用卡分期付款的陷阱

小到手机，大到私家车，越来越多的年轻人喜欢使用信用卡分期付款来消费。银行宣传的分期付款"零利息"政策很容易令人心动。其实，分期付款未必如持卡人想象的那么合算，里面暗藏着不少"陷阱"，大多数持卡人可能并不知情。

1. 免息不等于免手续费

即使银行方面宣称分期付款"零利息"，也并不等于免费贷款，持卡人需要支付一定比例的手续费。许多银行推广分期付款，都是想得到丰厚的手续费收入。

2. 免息不等于绝对不要利息

信用卡任意分期付款业务，免除的只是在持卡人按期按时归还全额款项条件下的利息。倘若持卡人哪一期没有按时或没有全额还款，利息就产生了。

3. 免息不等于免收滞纳金

既然是信用卡消费，逾期还款就需要支付滞纳金，信用卡分期付款也不例外。

信用卡还款的滞纳金与信用卡消费的免息是两码事，不要认为分期付款就可以跨越滞纳金的陷阱。若持卡人逾期归还分期付款的"本金分摊额"及手续费用，是要付滞纳金的。切记，即使免息，也要按时还款，否则不仅不能免息，还要罚息。

据悉，大部分信用卡分期付款业务都会在细则中说明：任一还款期内，应摊还款金额有逾期滞纳情形产生，将计收滞纳金。因此，持卡人对于分期付款也要按时还款，否则不仅不能免息，还要交罚息。多家银行还规定，必须在下一个还款日前一次性把商品金额和剩余的各期手续费都还清。

4. 分期实质是变相消费贷款

信用卡任意分期付款，可将分期付款的手续费之和视为消费贷款的年利息之和，其实质就是变相的消费贷款，这种变相消费贷款的利率，大多要高于银行正常的消费贷款利率，而且信用卡商城里可分期购买的商品价格要比市场价高很多。

分期付款购物合计支付的费用高于原来的单价并非不可接受，这相当于向银行贷款的利息，但持卡人要学会计算"利息"的高低。如果是银行存款利息的3倍以内基本是合理的，如果达到3倍以上则要小心，不是万不得已，一般不要采用这样的购物方式。

5. 退货不退已收手续费

当消费者对商品不满意或商品出现质量问题需退货时，大多数银行已收取的手续费不予退还，此时一次性支付手续费的消费者损失较大。如交通银行在消费者提出退货申请并提供相关退货签购凭证后，银行才会终止其分期付款业务，持卡人已支付的各期手续费不会退还。

即便是分期付款，持卡人也难免遇上不方便还款的情况，在这种情况下，部分银行提供的展期服务可以让还款更灵活。

091 微信银行查询信用卡账单

用微信银行查询账单是比较常用的一种方式，本节以招商银行为例介绍用手机微信来查询信用卡账单，操作方法如下：

（1）在"微信"主界面中，点击底部的"通讯录"按钮，如图 7-20 所示。

（2）执行操作后，进入"通讯录"界面，点击"服务号"按钮，如图 7-21 所示。

（3）执行操作后，进入"服务号"界面，点击"招商银行信用卡"按钮，如图 7-22 所示。

■ 图 7-20 点击"通讯录"按钮

■ 图 7-21 点击"服务号"按钮

■ 图 7-22 点击"招商银行信用卡"按钮

（4）执行操作后，进入"招商银行信用卡"公众平台，点击底部的"账单"按钮，在弹出的列表框中选择"账单查询"选项，如图 7-23 所示。

（5）执行操作后，即可查询个人信用卡账单的详细情况，如图 7-24 所示。

■ 图 7-23 选择"账单查询"选项

■ 图 7-24 查询信用卡账单

092　微信银行信用卡还款

用微信银行进行信用卡还款是非常方便、快捷的还款方式，本节以建设银行为例介绍用手机微信进行信用卡还款的方法，操作如下：

（1）进入"中国建设银行"公众平台，点击底部的"信用卡"按钮，在弹出的列表框中选择"账单查询／还款"选项，如图 7-25 所示。

（2）执行操作后，显示账单信息，如图 7-26 所示。

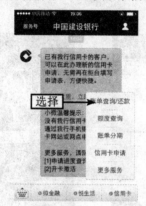

■ 图 7-25　选择"账单查询／还款"选项

■ 图 7-26　显示账单信息

（3）向上滑动屏幕，显示更多服务及相应序列号，如图 7-27 所示。

（4）发送 1，即可出现还款提示，用户可以通过微信银行进行人民币还款和购汇还款，根据页面提示进行操作即可，如图 7-28 所示。

■ 图 7-27　显示更多服务及相应序列号

■ 图 7-28　发送 1

093　手机银行还款

随着智能手机的日益普及，用户在进行信用卡还款时又多了一个途径，那就是使用手机银行进行信用卡的还款。下面就以建设银行的手机银行进行信用卡还款为例，介绍使用手机银行进行信用卡还款的操作。

（1）登录建设银行的手机银行，如图7-29所示。

（2）点击"信用卡"按钮，进入"信用卡"界面，如图7-30所示。

■ 图7-29　建设银行手机银行界面

图7-30　"信用卡"界面

（3）点击"人民币还款"按钮，进入"人民币还款"界面，点击"为本人还款"按钮并选择账户，如图7-31所示。

（4）在"还款金额"文本框中输入相应的还款金额，点击"下一步"按钮，还款成功后，如图7-32所示。

■ 图7-31　点击"为本人还款"按钮

■ 图7-32　人民币还款界面

094　信用卡怎么省钱

看电影、品美食、尝饮品、出游避暑等，怎样消费才最划算？目前，各家银行联合多个商家，推出了信用卡优惠活动，让持卡人在"吃喝玩乐"中开心又省钱。使用信用卡省钱主要有 4 大技巧，如图 7-33 所示。

■图 7-33　信用卡省钱 4 大技巧

1. 用信用卡节省开支

银行经常举办购物刷卡赠送礼品活动，能让持卡人省一笔钱，特别是在重大节假日，许多银行都会与一些大型商场和超市联手搞活动，此时刷卡消费就能获赠价值不等的礼品。

2. 刷卡保住现金流

信用卡的分期还款功能可以让用户手中的现金流有更好的用途，例如，招行信用卡在商户消费时，即使不是指定商户，也可以向招行提出分期付款。持卡人只需支付一定金额的手续费，就可以保证自己手上有足够的现金流。将这笔钱用于投资或者其他商业活动，比直接拿给商家更划算。

3. 充话费享优惠

目前，网上银行被广泛使用，网上充话费也相当便利。例如，选择淘宝、天猫、京东等第三方网络支付平台充值，以 100 元面值的移动充值卡为例，淘宝上的支付金额为 98 ～ 99.5 元不等，也就是说可以享受 0.5% ～ 2% 的优惠。此外，在充值运营商官网上，也可以进行信用卡充话费享受优惠折扣。

目前，开通信用卡充话费的银行有工商银行、交通银行、招商银行和深圳发展银行。拥有这些银行信用卡的用户，可以使用信用卡给手机充话费，建议开通网上银行或者电话银行，那样就可以直接通过网上银行或者电话银行来使用信用卡支付每月的手机费用，避免了在外地无法给本地手机号充值的麻烦。当然，银行网点也可以办理，不过相对来说比较麻烦。

4. 银行美食优惠

只要善于发现，基本上每天都有持某银行信用卡在某饭店吃饭可以打折的优惠。持卡人可以提前查看折扣活动是否符合自己需要，选对最适合自己的美食信用卡，才能既得实惠又能享用美食。各银行的美食优惠活动通常都有一定的时间限制，持卡用户要多多关注最新的活动。

095　信用卡积累积分

信用卡消费积分可兑换相应的礼品已比较常见，但是在有的银行，信用卡积分可折算成现金消费，有的还可兑换五大洲双人游甚至抢兑汽车。使用信用卡刷卡消费不仅能享受免息待遇，获得的积分也给持卡人带来了不小的惊喜。

因此，持卡人只要对"信用卡积分"精打细算，学做"积分达人"，花掉的钱也可以赚回来。攒积分主要有3大技巧，如图7-34所示。

■ 图7-34　信用卡攒积分技巧

096　信用卡提额技巧

信用卡额度也就是通常说的信用卡可用额度，是指所持的信用卡可以使用的最大金额，包括信用额度（即信用卡最高可以透支使用的限额）和存入信用卡的金额。信用卡额度会随着每一次的消费而减少，随每一期的还款而相应恢复。提高信用卡额度是非常有必要的，不仅可以应对各种突发事件，还可以很好地为自己制订理财计划。信用卡常用的提额技巧包括 9 大方面，如图 7-35 所示。

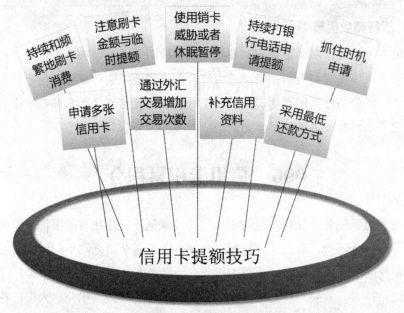

■ 图 7-35　信用卡提额技巧

1. 持续和频繁地刷卡消费

拥有信用卡之后，要坚持长期刷卡消费，最好连续 3 个月以上每个月都有刷卡消费额度产生。

在可以刷卡消费时尽量刷卡消费，不论金额大小，刷的次数和商家越多越好，若是集中一次性刷卡，很容易被银行认为有套现嫌疑，很难提额。

2. 注意刷卡金额与临时提额

如果用户每月的消费金额都远远没有达到或超过信用卡本身的信用额度，银行就会认为这样的信用额度对用户来说是足够的，因此最好每个月的刷卡消费金额都超过信用额度的 30% 以上，偶尔刷爆一下（当然事后要及时还款），这样银行就会认为用户还有更多信用额度需求，才会考虑提升信用额度。

此外，在过年过节或者有大型采购消费时，多申请提高临时信用额度，申请的次数越多，并且有消费额度产生，银行就会考虑提升长期信用额度，这样提额申请就很容易通过了。

3．使用销卡威胁或者休眠暂停

当持卡人提出多次申请并且遭拒之后，就可以考虑直接告诉银行的客服或工作人员，如果信用卡额度满足不了实际需要，就会考虑销卡。在与银行工作人员沟通过程中，最好能够摆出一些事实，同时注意自己的态度，这样就容易获得商量和周旋的余地。

此外，若是银行长期不通过申请，也可以让卡暂停消费一段时间，使卡处于休眠状态，这样银行通常为了刺激和鼓励持卡人进行信用卡消费，批准提升用户信用额度的概率更大。

4．持续打电话申请提额

坚持申请和抓住时机申请，双管齐下。对于持卡人来说，可以坚持使用电话申请提升信用卡额度，因为不同的客服或者工作人员在处理这方面申请时的态度和原则有微小的差异，或许上一次通不过，下一次就通过了，而且坚持电话申请留下的记录也会有助于将来申请提额。

5．抓住时机申请

申请提额的具体时机也很重要，一般而言，在账单日或者信用卡刚刚刷爆时申请最容易审批通过，因为此时银行工作人员觉得持卡人确实有提额的需要，因此尽量在恰当的时机提出申请。

6．申请多张信用卡

通过不断申请同一个银行的信用卡，达到提高个人总额度的目的。

7．通过外汇交易增加交易次数

如果信用卡有外币消费业务，可选用外汇交易的形式，在实现盈利的目的下来回存取款，增加交易次数。

8. 补充信用资料

补充更详细的个人资料，提供更多资产证明。

9. 采用最低还款方式

运用最低额还款说明最近需要用钱，并可让银行得到利息，根据以往信用良好等情况，可达到提额目的。

097　手机银行挂失信用卡

信用卡挂失是发现信用卡被盗或者丢失时立刻需要做的事情，可能很多朋友想到的是持身份证到银行去挂失，然而目前许多作案手段高明的犯罪分子，在极短的时间内就能从卡中划转大量的资金，尤其是信用卡。针对这种情况，持卡人一旦丢卡后，要立即挂失，使用手机网上挂失非常方便，本节以挂失交通银行信用卡为例，介绍如何使用手机银行挂失信用卡，方法如下：

（1）打开手机银行后，输入密码登录手机银行，如图 7-36 所示。

（2）登录手机银行后就会出现"交通银行"页面，点击"账户管理"按钮，如图 7-37 所示。

■ 图 7-36　打开并登录手机银行　　■ 图 7-37　点击"账户管理"按钮

（3）"账户管理"页面中倒数第二项就是账户挂失，如图 7-38 所示。

（4）点击"账户挂失"按钮，打开"账户挂失"页面后就会出现用户的所有卡号，选择要挂失的卡号，点击"确定"按钮就可以挂失成功，如图 7-39 所示。

■ 图 7-38　点击"账户挂失"按钮　　　■ 图 7-39　选择要挂失的卡号

098　摆脱个人信用不良记录的方法

由于个人原因造成的不良记录虽然不会永久保留，但人民银行的征信系统上会保持 5 年，过了这 5 年就查询不到。为此，持卡人不必过于担心，征信系统会给出"改过自新"的机会，只要从今往后养成按时足额还款的习惯，真正守信，用不了多久就能为自己重建一份良好的信用记录。摆脱个人信用不良记录要注意 3 个方面，如图 7-40 所示。

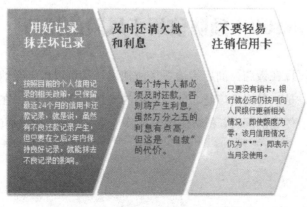

■ 图 7-40　摆脱个人信用不良记录技巧

099 信用卡盗刷的风险

信用卡风险是指在信用卡业务经营管理过程中，因各种不利因素而导致的发卡机构、持卡人、特约商户三方损失的可能性，信用卡盗刷风险主要来自 3 个方面，如图 7-41 所示。

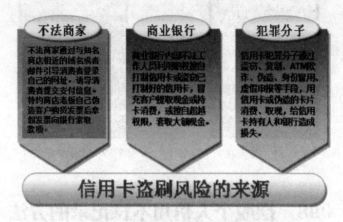

不法商家

不法商家通过与知名商店相近的域名或者邮件引导消费者登录自己的网址，诱导消费者提交支付信息。特约商店老板自己伪造客户购货发票后拿假发票向银行套取款项。

商业银行

商业银行内部不法工作人员利用职权擅自打制信用卡或盗窃已打制好的信用卡，冒充客户提取现金或持卡消费，或擅自超越权限，套取大额现金。

犯罪分子

信用卡犯罪分子通过盗窃、骗刷、ATM软诈、伪造、身份冒用、虚假申报等手段，用信用卡或伪造的卡片消费、取现，给信用卡持有人和银行造成损失。

信用卡盗刷风险的来源

■ 图 7-41　信用卡盗刷风险的来源

目前，国内信用卡市场面临的风险形势日益严峻，信用卡套现、伪卡欺诈、支付资金诈骗等案件日益增加，银行卡犯罪手段不断向高科技、集团化、专业化、规模化发展，案件实施过程更为隐蔽，手法不断翻新，这都会对银行和持卡人的资金安全构成威胁，成为制约信用卡产业长期健康发展的重要因素。

100 预防信用卡风险的技巧

信用卡既可以在饭店、商店等消费场所使用，又可以用于缴纳日常生活中的各项固定费用，是一种用途广泛、使用便利的支付方式。不过，在信用卡给人们的生活带来极大便利的同时，预防信用卡风险也十分重要，应主要注意 4 个方面，如图 7-42 所示。

保护个人信息

①办卡时不要找中介，最好直接
去银行柜台办理。
②在身份证复印件上写明使用目的，
防止他人非法冒用。
③接到陌生的电话，不要轻易透露
信用卡的相关信息。
④身份证和信用卡千万不要借给
其他人使用。
⑤远离非法中介和套现商户。

保证刷卡消费安全

①使用信用卡结账刷卡时，
一定要注意，小心收银员多刷
或者换卡。
②输入密码时一定要注意遮挡。
③一定要核对签购单上的金额。
④刷卡消费时碰到异常情况，
如重复扣款或者扣款失败等，
一定要及时和银行联系。
⑤认真核对每月对账单。

保障ATM操作安全

①使用ATM机时，小心暗处的摄像头
盗取密码。
②不要将ATM交易单据随手丢弃，应
妥善保管或及时处理、销毁单据。
③当ATM出现吞卡或不吐钞时，应直
接拨打银行客户服务热线求助，并留
在原地等待救援。
④小心那些要求客户将钱转到指定、
账户的公告，收到可疑手机短信时，
应谨慎确认，如有疑问应直接拨打银
行客户服务热线查询；遇到信用卡诈
骗时，报警求助。

保证网上支付安全

①完成交易后，应及时关闭网上交易开关。
②通过安全途径进行境外网上交易，并开
通相关认证服务。
③尽量使用个人客户证书（U盾）或电子
口令卡进行交易。
④选择信誉好、运营时间长的交易网站
或APP。
⑤网上消费记录切勿删除，经常检查交易
明细，发现不明支出款项立即联系银行。
⑥最好不要在网吧等公共上网场所进行网
上交易。

■ 图 7-42　预防信用卡风险的技巧

第8章

移动银行理财——购买银行理财产品

学前提示

　　随着使用手机银行的用户比例越来越高，在手机上打理自己的资产，正被越来越多的投资者关注，多家银行均已推出手机银行专属理财业务，收益超过同期传统的理财产品。手机专属理财产品由于成本较传统渠道低，同时银行为推广产品、吸引客户资金，因此以更高收益揽客。

要点展示

风险能力测评
查看产品并开立账户
购买理财产品
定期与通知
银行理财存在的风险

101 手机银行购买理财产品效率高

理财产品即银行发行的理财产品,指的是银行接受客户的授权管理资金,投资收益与风险由客户或客户与银行按照约定方式承担。

以往用户购买理财产品,往往都是去银行咨询,可能不便于对所购买的产品完全了解,但若是在手机上购买理财产品,不但节约了时间,而且不会被其他人影响自己最初投资的目的。本节以工商银行的手机银行为例,详解使用手机购买银行理财产品的方法。

专家提醒

在银行理财产品发行之前,低风险投资产品只有债券,银行理财产品的出现,刚好填补了这类产品的空白。银行理财产品最大的特点是风险较低,并且期限灵活,种类丰富,购买方便。对于普通客户来讲,还有投资起来并不复杂的特性,既不需要去学习复杂的 K 线图,也不需要去深入了解各种投资学,只需选择有合适的期限、风险与收益的产品即可。

102 风险能力测评

理财产品可根据投资领域、风险等级等进行分类,此处从用户较为关注的风险与收益角度出发,将理财产品大致分为以下几种:

(1)基本无风险的理财产品。这类理财产品主要是进行银行存款,或是购买债券,由于有银行信用和国家信用作保证,具有最低的风险水平,同时收益率也较低。

(2)较低风险的理财产品。主要是投资各种货币市场基金或偏债型基金,其投资的两个市场本身就具有低风险和低收益率的特征。

(3)中等风险的理财产品。风险较高的理财产品有信托类、外汇结构性存款、结构性理财产品等,这些理财产品都有较高的风险,其收益也远比定期存款高。

（4）高风险的理财产品。如 QDII（境外投资机构）等理财产品就属于高风险、高回报的类型。

多数手机银行在用户选择理财产品之前，都必须进行风险能力测评，帮助用户找到适合投资的类型，其方式如下：

（1）在工商银行手机银行主界面点击"服务与设置"按钮，如图 8-1 所示。

（2）点击"风险能力测评"按钮，如图 8-2 所示。

■ 图 8-1　点击"服务与设置"按钮

■ 图 8-2　点击"风险能力评测"按钮

（3）软件会通过 15 道问题，对用户的风险承受能力进行测评，如图 8-3 所示。

（4）完成答题后，软件会给出测评结果和投资建议，如图 8-4 所示。

■ 图 8-3　风险能力测评

■ 图 8-4　提示用户的风险能力

103　查看产品并开立账户

　　用户了解自己的风险能力后，即可查看银行推出的理财产品。若未进行过理财产品交易，还应开通自己的理财账户。查看产品并开立账户的方式如下：

　　（1）在主界面点击"投资理财"按钮，进入"投资理财"界面后点击"工行理财"按钮，如图 8-5 所示。

　　（2）在"工行理财"界面点击"理财产品"按钮，如图 8-6 所示。

　　■ 图 8-5　点击"工行理财"按钮　　■ 图 8-6　点击"理财产品"按钮

　　（3）在"理财产品"界面点击"购买理财产品"按钮，如图 8-7 所示。

　　（4）进入"购买理财产品"界面后，软件会显示当前所有的理财产品，如图 8-8 所示。

　　■ 图 8-7　点击"购买理财产品"按钮　　■ 图 8-8　"购买理财产品"界面

（5）点击任意产品即可弹出"购买"菜单，如图8-9所示。

（6）点击"购买"按钮进入理财产品详情界面，用户可查看该产品的详情，如图8-10所示。

■ 图8-9　弹出"购买"菜单　　　　　　■ 图8-10　查看详情

（7）在理财产品详情界面点击"理财产品说明书"按钮，可查看该产品说明，如图8-11所示。

（8）未开通理财交易账户的用户，在理财产品详情界面点击"购买"按钮后，会弹出确认开户的对话框，点击"确定"按钮可进行账户开通，如图8-12所示。

■ 图8-11　产品说明　　　　　　　　　■ 图8-12　点击"确定"按钮

（9）选择银行卡后点击"下一步"按钮，如图8-13所示。

（10）完成理财交易账户开立，系统会给出交易账户的账号，如图8-14所示。

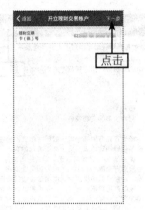

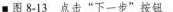

■ 图 8-13　点击"下一步"按钮　　■ 图 8-14　完成理财账户开立

专家提醒

　　挑选到适合自己的理财产品必须要做好3点：一是要了解自己，投资者在投资前，需要明确理财目的、资金量、理财时间、对风险的认识等问题。二是要了解产品，投资者应尽量选择自己相对熟悉的产品，例如，对股票比较了解，可以选择与股票相关的产品。三是要了解机构，不同的金融机构在理财产品和配套服务方面有不同的特色和专长，因此投资者应选择最适合自己投资风格的金融机构。同时，投资者也不宜盲目跟风，毕竟适合别人的理财产品并不一定适合自己。

104　购买理财产品

　　使用手机购买银行理财产品极为便利，用户开立理财产品账户后，即可自行购买理财产品，其方式如下：

　　（1）用户确定需要购买的理财产品后，进入理财产品详情界面并点击"购买"按钮，如图 8-15 所示。

　　（2）阅读理财产品协议后点击"下一步"按钮，如图 8-16 所示。

■ 图 8-15　点击"购买"按钮

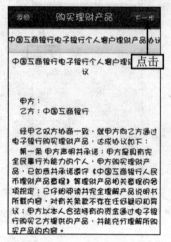

■ 图 8-16　点击"下一步"按钮

（3）阅读所选理财产品说明书后点击"下一步"按钮，如图 8-17 所示。

（4）输入购买金额等信息后，点击"下一步"按钮，如图 8-18 所示。

■ 图 8-17　点击"下一步"按钮

■ 图 8-18　点击"下一步"按钮

（5）确认信息无误，并根据页面提示获取动态密码后，点击"确定"按钮，如图 8-19 所示。

（6）输入动态密码并点击"确定"按钮后，即可完成理财产品的购买，如图 8-20 所示。

■ 图8-19 点击"确定"按钮

■ 图8-20 点击"确定"按钮

105 查询持有产品

用户可对自己已经购买的理财产品进行查询，在"理财产品"界面点击"我的理财产品"按钮，如图8-21所示。点击"查询交易明细"按钮可查询用户的交易记录，如图8-22所示。

■ 图8-21 点击"我的理财产品"按钮

■ 图8-22 点击"查询交易明细"按钮

106 定期与通知

手机银行"定期存款"服务可实现活期转定期、定期转活期及相关服务。"通知存款"服务是通过手机银行渠道开立的一天通知存款或七天通知存款及通知存款转活期，并进行相关信息查询等的服务。

本节以兴业银行的手机银行为例，介绍如何使用手机进行定期存款与查看通知，方法如下：

（1）打开兴业银行的手机银行，点击"定期与通知"按钮，如图 8-23 所示。

（2）根据需要，选择通知存款或定期存款，如图 8-24 所示。

 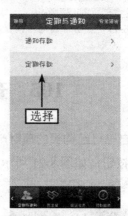

■ 图 8-23 点击"定期与通知"按钮   ■ 图 8-24 选择需要

107 购买基金理财产品

基金是一种比较热门的银行投资方式，它集中许多投资者的资金，由基金托管人（即具有资格的银行）管理和运用资金，从事股票、债券等金融工具投资，甚至是投资企业和项目，然后共担投资风险、分享收益。

简单来说，对于没有精力也没有专业知识的投资者，又希望将自己的闲置资金进行投资，基金就是不错的选择。

基金需要通过银行购买，同时各大银行也有自己的基金公司，运作自己的基金。与理财产品类似，基金也有高低风险之分，如主要是投资货币的基金，其风险相对较低，而投资股票的基金风险自然较高。

　　用户通过手机银行即可查看并购买各种基金，本节以工商银行的手机银行为例，讲解如何通过手机购买基金。

1. 开立基金交易账户

　　若用户第一次使用工商银行的手机银行购买基金，还需要开立基金交易账户，其方式如下：

　　（1）在手机银行的"投资理财"界面点击"基金业务"按钮，如图 8-25 所示。

　　（2）在"基金业务"界面点击"我的基金"按钮，如图 8-26 所示。

■ 图 8-25　点击"基金业务"按钮　　■ 图 8-26　点击"我的基金"按钮

　　（3）进入"开立基金交易账户"界面，点击"确定"按钮，如图 8-27 所示。

　　（4）阅读中国工商银行个人基金交易账户电子银行开户须知后，点击"确定"按钮，如图 8-28 所示。

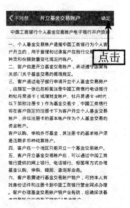

■ 图 8-27　点击"确定"按钮　　　■ 图 8-28　阅读开户须知

（5）输入联系电话（固定电话）等信息后点击"确定"按钮，如图 8-29 所示。

（6）稍等片刻即可完成基金交易账户的开立，如图 8-30 所示。

■ 图 8-29　点击"确定"按钮　　■ 图 8-30　完成基金账户开立

2. 查看基金

用手机银行购买基金最大的优势是可选品种全面，用户可以通过手机银行客户端查看大部分基金的信息，其方式如下：

（1）在工商银行手机银行的"投资理财"界面点击"基金业务"按钮，如图 8-31 所示。

（2）在"基金业务"界面点击"购买基金"按钮，如图 8-32 所示。

■ 图 8-31　点击"基金业务"按钮　　■ 图 8-32　点击"购买基金"按钮

（3）用户可在搜索栏输入基金关键字或代码进行查找，也可以在列表中查看基金，如图8-33所示。

（4）点击任意基金，即可进入基金详情界面查看该基金详情，如图8-34所示。

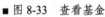

■ 图8-33　查看基金

■ 图8-34　基金详情

3. 购买基金

完成前述步骤后，用户还需要在银行柜台签署基金合同并办理相关业务，才能使用手机购买基金。所有手续都办理好以后，使用手机银行购买基金，方式如下：

（1）用户按照前述方式挑选好基金，并在基金详情界面点击"购买基金"按钮后，即可进入"购买基金"界面，填写购买金额等信息后，点击"下一步"按钮，如图8-35所示。

（2）确认购买信息无误后，点击"确定"按钮，如图8-36所示。按照页面提示输入密码后，即可完成基金的购买。

■ 图8-35　点击"下一步"按钮

■ 图8-36　点击"确定"按钮

购买基金的方式有 3 种，在银行购买、在证券公司购买或是直接到基金公司购买。用户可以下载证券公司或基金公司的 APP，通过证券公司与基金公司进行购买。

4. 查询已购买基金

若用户通过工商银行的手机银行购买基金，则可查询购买基金的状况。进入"基金业务"界面，点击"我的基金"按钮，如图 8-37 所示，进入"我的基金"界面，显示用户已经持有的基金，点击基金可查看详情，如图 8-38 所示。

■ 图 8-37 点击"我的基金"按钮

■ 图 8-38 基金详情

5. 赎回基金

用户可以通过手机银行将自己购买的基金赎回（非封闭式），其方式如下：

（1）进入"我的基金"界面点击所持有的基金，如图 8-39 所示。

（2）点击"基金赎回"按钮，如图 8-40 所示。

■ 图 8-39 点击持有基金

■ 图 8-40 点击"基金赎回"按钮

（3）输入需要赎回的份额等信息后，点击"下一步"按钮，如图8-41所示。

（4）确认信息无误后点击"确定"按钮，如图8-42所示。用户根据页面提示，输入密码后即可完成基金的赎回。

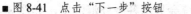

■ 图8-41　点击"下一步"按钮　　■ 图8-42　点击"确定"按钮

通过银行赎回基金要支付一定的赎回费，购买基金时会写在合同或协议中，一般是1%，也就是说用户购买10000元的基金，全额进行赎回就要支付100元的手续费。不过银行为了提升竞争力，在许多情况下会减免手续费。

108　购买外汇理财产品

外汇即以外币表示的用于国际结算的支付凭证，并通过各国的银行进行交易。用户可以通过手机银行进行外汇业务的办理或是进行外汇投资。本节以工商银行的手机银行为例，讲解如何通过手机炒汇。

1. 外汇查询

用户可以通过手机银行，查询外汇的即时汇率，其方式如下：

（1）在工商银行手机银行的"投资理财"界面点击"外汇业务"按钮，如图8-43所示。

（2）点击"外汇交易"按钮，如图8-44所示。

■ 图8-43 点击"外
汇业务"按钮

■ 图8-44 点击"外
汇交易"按钮

（3）进入"外汇交易"界面，系统会显示各种外汇汇率，如图8-45所示。

（4）点击任意外汇项目进入"详情"界面，可查看该外汇项目的详细情况和价格走势，如图8-46所示。

■ 图8-45 "外汇交易"界面

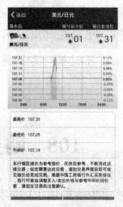

■ 图8-46 "详情"界面

2. 开立账户

若用户需要通过手机银行进行外汇业务办理，还需开立外汇的交易账户，其具体方式如下：

（1）在任意外汇项目的"详情"界面点击"实时交易"按钮，如图8-47所示。

（2）点击相应按钮开立交易账户，如图8-48所示。

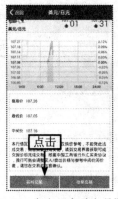

■ 图 8-47 点击"实时交易"按钮　　■ 图 8-48 点击相应按钮

（3）阅读协议、交易规则等条款并在文末复选框中点击，显示"√"后，点击"同意"按钮，如图 8-49 所示。

（4）输入手机号和银行卡号，点击"下一步"按钮，如图 8-50 所示。

（5）确认信息无误后点击"确定"按钮，如图 8-51 所示。

（6）稍等片刻即可完成外汇账户的开立，如图 8-52 所示。

■ 图 8-49 点击"同意"按钮　■ 图 8-50 点击"下一步"按钮　■ 图 8-51 点击"确定"按钮　■ 图 8-52 完成外汇账户开立

3. 外汇交易

用户可以通过手机银行进行外汇的交易，其方式如下：

（1）在所选外汇项目的"详情"界面点击"实时交易"按钮，如图 8-53 所示。

（2）输入交易金额等信息后点击"下一步"按钮，如图 8-54 所示。

■ 图 8-53 点击"实时交易"按钮 ■ 图 8-54 点击"下一步"按钮

（3）确认信息无误并根据页面提示获取动态密码后，点击"确定"按钮，如图 8-55 所示。

（4）输入动态密码并点击"确定"按钮后，完成外汇的交易，如图 8-56 所示。

■ 图 8-55 点击"确定"按钮 ■ 图 8-56 完成交易

用户也可以在所选外汇项目的"详情"界面点击"挂单交易"按钮进行挂单交易，其具体流程与上述类似，这里不再赘述。

109 购买贵金属产品

贵金属投资分为 3 种，实物投资、带杠杆的电子盘交易投资以及银行类的纸黄金、纸白银投资。本节将以提供账户贵金属交易、账户贵金属定投、实物贵金属交易、实物贵金属递延交易投资方式的工商银行手机银行为例，演示如何使用手机进行贵金属投资。

1．行情查询

用户通过手机银行客户端即可查看贵金属的行情，其方式如下：

（1）在"投资理财"界面点击"贵金属业务"按钮，如图 8-57 所示。

（2）在"贵金属业务"界面点击"账户贵金属"按钮，如图 8-58 所示。

■图 8-57 点击"贵金属业务"按钮 　■图 8-58 点击"账户贵金属"按钮

（3）在"账户贵金属"界面点击"行情与交易"按钮，如图 8-59 所示。

（4）进入"行情与交易"界面后即可查看贵金属的行情，如图 8-60 所示。

■图 8-59 点击"行情与交易"按钮 　■图 8-60 "行情与交易"界面

2．开立贵金属交易账户

第一次进行贵金属交易的用户，还应开立贵金属交易账户，其开立方式如下：

（1）在"账户贵金属"界面，点击"我的账户贵金属"按钮，如图 8-61 所示。

（2）系统提示未开立交易账户，点击"签署《中国工商银行账户贵金属交易协议》"按钮进行贵金属交易账户的开立，如图 8-62 所示。

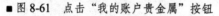

■ 图 8-61　点击"我的账户贵金属"按钮　　■ 图 8-62　点击相应按钮

（3）系统会为用户进行产品适合度的评估，用户答题完毕后点击"确定"按钮，如图 8-63 所示。

（4）评估合格的用户即可查看贵金属交易协议，如图 8-64 所示。

■ 图 8-63　产品合适度评估　　　　　　■ 图 8-64　查看贵金属交易协议

（5）阅读协议并在协议末尾的复选框中点击，显示"√"后，点击"同意"按钮，如图 8-65 所示。

（6）填写资金账户卡号和手机号码并点击"下一步"按钮，如图 8-66 所示。

（7）确认信息无误后点击"确定"按钮，如图 8-67 所示。

（8）稍等片刻即可完成贵金属交易账户的开立，如图 8-68 所示。

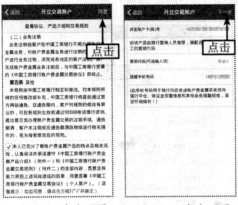

■ 图 8-65　点击"同意"按钮　　■ 图 8-66　点击"下一步"按钮　　■ 图 8-67　点击"确定"按钮　　■ 图 8-68　开立贵金属交易账户

3. 实时交易与挂单交易

用户开立交易账户后，按照前述方式进入交易详情界面，点击"实时交易"按钮即可进行实时交易，如图 8-69 所示。填写买卖方向、交易数量等信息后，点击"下一步"按钮，根据提示输入交易密码后即可完成实时交易，如图 8-70 所示。

■ 图 8-69　点击"实时交易"按钮　　■ 图 8-70　点击"下一步"按钮

在交易详情界面，点击"挂单交易"按钮即可进行挂单交易，确认信息无误后点击"下一步"按钮，如图 8-71 所示。填写买卖方向、挂单数量、获利挂单价格等信息后，根据提示输入交易密码后即可完成挂单交易，如图 8-72 所示。

■ 图 8-71 点击"下一步"按钮　　　■ 图 8-72 完成挂单交易

4. 贵金属定投

用户还可以通过手机银行客户端进行贵金属业务定投，其方式如下：

（1）在"贵金属业务"界面点击"账户贵金属定投"按钮，如图 8-73 所示。

（2）点击"制定定投计划"按钮，如图 8-74 所示。

■ 图 8-73 点击"账户贵金属定投"按钮　　　■ 图 8-74 点击"制定定投计划"按钮

（3）设置定投品种和定投周期后点击"下一步"按钮，如图 8-75 所示。

（4）设置定投数量、定投期限等信息后点击"下一步"按钮，如图 8-76 所示。

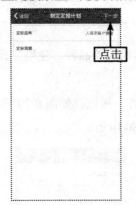

■ 图 8-75　点击"下一步"按钮　　■ 图 8-76　点击"下一步"按钮

（5）确认信息无误并根据页面提示获取动态密码后，点击"确定"按钮，如图 8-77 所示，即可完成贵金属业务的定投，如图 8-78 所示。

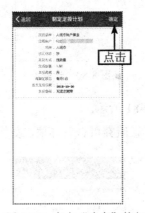

■ 图 8-77　点击"确定"按钮　　■ 图 8-78　交易成功

110　购买债券理财产品

债券就是国家向社会筹集资金，并支付债权人一定的利息。其发行主体是国家，所以它具有最高的信用度，被公认为是最安全的投资工具。

以工商银行的手机银行客户端为例，可以购买到的债券分为记账式、储蓄式两种，而储蓄式债券又分为凭证式和电子式。本节以购买记账式债券为例，讲解购买债券的方式，需要购买其他类型的债券用户，可参照本节流程进行操作。

1. 行情查看

用户可先行查看债券的行情，以确定所需购买的品种。使用工行手银查询债券行情的方法如下：

（1）在"投资理财"界面点击"债券业务"按钮，如图 8-79 所示。

（2）选择需要查看的债券类型，如图 8-80 所示。

■ 图 8-79　点击"债券业务"按钮　　　　■ 图 8-80　选择类型

（3）点击"行情及交易"按钮，如图 8-81 所示。

（4）进入"行情及交易"界面，点击任意债券可查看详情，如图 8-82 所示。

■ 图 8-81　点击"行情及交易"按钮　■ 图 8-82　"行情与交易"界面

（5）进入债券详情界面，点击"查询历史价格"按钮，如图 8-83 所示。

（6）进入"查询历史价格"界面，即可查看该债券品种历史价格的详情，如图 8-84 所示。

■ 图 8-83　点击"查询历史价格"按钮　　■ 图 8-84　"查询历史价格"界面

2. 开立账户

与前述业务相同，用户投资债券也需要开立账户，其方式如下：

（1）在债券详情界面点击"购买"按钮，如图 8-85 所示。

（2）点击"签署《中国工商银行柜台记账式债券交易协议》"按钮，如图 8-86 所示。

■ 图 8-85　点击"购买"按钮　　　　■ 图 8-86　点击签订协议按钮

（3）用户阅读协议并在协议末尾复选框中点击，显示"√"后，点击界面上方的"同意"按钮，如图 8-87 所示。

（4）选择开立业务的资金账户并填写手机号码后，点击"下一步"按钮，如图 8-88 所示。

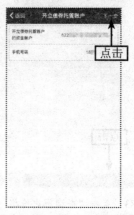

■ 图 8-87　点击"同意"按钮　　　■ 图 8-88　点击"下一步"按钮

（5）确认信息无误并根据页面提示获取动态密码后，如图 8-89 所示。

（6）输入动态密码并点击"确定"按钮后，即可完成开立债券托管账户，如图 8-90 所示。

■ 图 8-89　确认信息并获取动态密码　　■ 图 8-90　输入动态密码

3. 购买债券

完成账户的开立后，用户即可通过手机银行购买债券。

（1）在债券详情界面点击"购买"按钮，如图 8-91 所示。

（2）输入购买金额后，点击"下一步"按钮，如图 8-92 所示。后续步骤与购买外汇类似，用户可参照前文进行，这里不再赘述。

■ 图 8-91　点击"购买"按钮

■ 图 8-92　点击"下一步"按钮

4. 卖出债券

若用户需要卖出所持有的债券，进入"债券业务"界面后，选择持有债券的类型，如图 8-93 所示。若用户持有的是记账式债券，应点击"柜台记账式债券"按钮。进入"柜台记账式债券"界面，点击"我的柜台记账式债券"按钮，如图 8-94 所示。

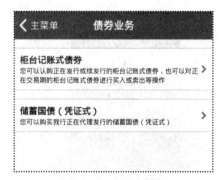

■ 图 8-93　选择债券类型

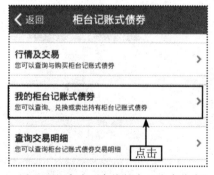

■ 图 8-94　点击"我的柜台记账式债券"按钮

后续步骤与基金赎回的步骤类似，用户可参照前文进行操作，这里不再赘述。

111 购买期货理财产品

随着期货市场的迅速发展，越来越多的投资者开始关注期货。期货以其高收益的"杠杆原理"吸引着广大投资者，并且由于期货市场所投资商品的特性，其价格很难被操纵，因此期货投资成为当今最火爆的投资方式。本节以兴业银行的手机银行为例，讲解通过手机进行期货理财的具体方法。操作如下：

（1）打开兴业银行的手机银行 APP，右滑界面，如图 8-95 所示。

（2）显示业务界面，点击"银期业务"按钮，如图 8-96 所示。

■ 图 8-95 右滑界面　　　■ 图 8-96 点击"银期业务"按钮

（3）点击"自助签约管理"按钮，如图 8-97 所示。

（4）点击"签约"按钮进行签约，如图 8-98 所示。

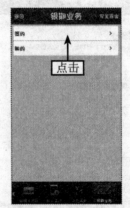

■ 图 8-97 点击"自助签约管理"按钮　　　■ 图 8-98 点击"签约"按钮

112　银行理财存在的风险

银行理财产品的风险包括汇率风险、系统风险和人为风险等多个方面，介绍如下。

1. 汇率风险

以银行保本浮动收益型产品为例，此类产品宣传点是保证本金、风险自担，运作方式是将大部分资金投入债券或者存款，小部分投入股票、基金或者黄金期货进行炒卖，股票市场近年来整体走势震荡，投资难度加大，这意味着投资该产品也存在很大的风险。如果提前赎回此类产品，还会亏损本金。同时，这种类型的产品投资币种除了人民币，还有外币。假如投资期间外币对人民币的汇率降低，投资者不但得不到收益，还会面临亏损本金的风险。

2. 系统风险

银行系统扮演的角色较为主动，因此银行的经验、技能、判断力、执行力等都可能对产品的运作及管理造成一定影响，并因此影响客户收益水平。银行客观上有调节特定时段理财产品收益率的空间，只要确保付给投资者的加权平均收益率不要高过资金池的加权平均收益率即可。假设银行给投资者提供的收益率是3%，但运作下来可能是5%，剩下的2%就都归银行所有。

3. 人为风险

许多股份制银行和外资银行的理财经理的主要职责是销售，只有完成了销售指标，才能得到相应的收入，个人的职务升迁也与经济指标挂钩。为了完成任务，实现个人发展目标，很多理财经理在销售理财产品时，过多地说了收益，而人为地弱化了风险。不管这个理财产品是否到达预期收益，销售的提成已经落入了理财经理的口袋。

MOBILE
MONEY
HANDBOOK

第 9 章

移动 P2P——手机帮你"钱生钱"

学前提示

目前,国内 P2P 小额借贷业务发展迅速,使很多无法获得正规金融机构服务、急需小额资金的普通人群得到了民间小额借贷。同时也为资金方提供了一种新的高收益理财方式。可以预见,P2P 理财将会成为未来主流理财方式之一。

要点展示

P2P 理财的概念
如何选择 P2P 网贷
实名认证
绑定银行卡
P2P 理财注意事项

113 P2P 理财的概念

随着互联网金融的火热发展，网上理财已经被百姓所熟识。而 P2P 理财更是受到众多网民的追捧，近两年十分火热并快速地发展，也因此受到越来越多人的青睐。

P2P 是 peer-to-peer 的缩写，peer 在英语里有"（地位、能力等）同等者"、"同事"和"伙伴"等意义，因此 P2P 可以理解为"伙伴对伙伴"的意思，或称为对等联网。

P2P 理财源于 P2P 借贷。P2P 借贷是一种将非常小额度的资金聚集起来借贷给有资金需求人群的一种民间小额借贷模式。

P2P 这个概念在 2006 年引入中国，并迅速发展起来。如今的 P2P 服务平台，即将一端有房产作抵押担保、短期需要资金周转经营的高端借款人，与另一端有闲置资金、但限于国内投资渠道少而难以找到合适投资模式的高收入人群的需求对接起来，解决双方各自的需求，实现社会资源的优化配置。

例如，借款人（A）如需 10 万元，向平台（B）申请借款—平台（B）对其进行审核，发布借款公告（各种标）—投资人（C）通过在平台上投标，将钱通过平台（B）借给借款人（A）—约定期限到期后，借款人（A）通过平台（B）偿还本金及之前所约定的利息，如图 9-1 所示。

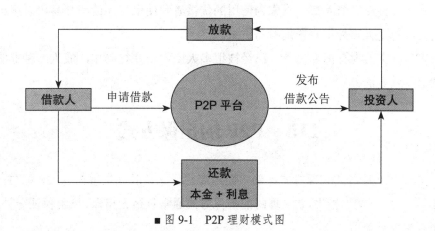

■ 图 9-1 P2P 理财模式图

114　P2P 理财的特点

P2P 网贷的特点是什么，很多用户可能并不是很了解，但是 P2P 网贷确实是当下一种比较方便和实用的融资手段，给很多融资者解了燃眉之急。P2P 信贷的特点如下。

1.　直接透明

出借人与借款人直接签署个人对个人的借贷合同，一对一地互相了解对方的身份信息、信用信息，出借人及时获知借款人的还款进度和生活状况，最真切、直观地体验到自己为他人创造的价值。

2.　信用甄别

在 P2P 模式中，出借人可以对借款人的资信进行评估和选择，信用级别高的借款人将得到优先满足，其得到的贷款利率也可能更优惠。

3.　风险分散

出借人将资金分散给多个借款人对象，同时提供小额度的贷款，风险得到了最大程度的分散。

4.　门槛低、渠道成本低

P2P 借贷使每个人都可以成为信用的传播者和使用者，信用交易可以很便捷地进行，每个人都能很轻松地参与进来。

P2P 信贷因为有很多优点，已经被很多人所接受并且操作，成为一种非常热门的获得资金的方式。

115　P2P 的担保方式

关于 P2P 理财的担保方式，新浪财经专栏作家常胜先生曾在《P2P 理财：陷阱还是机会》一文中指出，P2P 理财的担保方式通常包括无担保、风险保证金补偿、公司担保 3 种类型。

1. 无担保

顾名思义，无担保方式就是没有风险担保措施或保证金，对于无担保的方式，投资者需根据自己的风险偏好进行取舍。

2. 风险保证金补偿

所谓风险保证金补偿，是指平台公司从每一笔借款中都提取借款额的 2% 作为风险保证金，独立账户存放，用于弥补借款人不能正常还款时对投资者的垫付还款。风险保证金不足弥补投资者损失时，超出部分由投资者自行承担，但投资者可以自行或委托 P2P 公司向违约人追偿剩余损失。

关于风险保证金补偿方式，投资者可重点关注以下方面：平台公司风险保证金提取的比例、该比例与公司坏账率的大小关系、风险保证金上期末余额与本期代偿数额的比率。

3. 公司担保

采用公司担保方式的 P2P 借贷目前数量不多，直觉上大家会认为由公司提供担保会很安全，但却未必，提供担保的公司自身出现问题、丧失担保能力在各个行业领域都是常有的事。投资者除关注提供担保公司的整体实力外，还需了解该公司自有净资产与对外担保总金额的比例。

目前的 P2P 平台以及微金融机构资金实力有限，其资金流量不足以支持所担保的额度，也出于规避法律风险的考虑，P2P 平台应根据自己的实力合理引进其他担保公司或合格的第三方作为担保方。

116　如何选择 P2P 网贷

选择 P2P 网贷是要提前做好准备的，选择至关重要，主要根据两方面来选择，一是根据需求来选择，二是根据行情来选择，其要点如下。

1. 根据需求来选择

（1）扩大生产。

企业扩大生产，往往需要比较持续稳定的现金流。因此，应选择规模较大，生命力强，资金供应有保障的 P2P 平台。如果该平台资金实力不够雄厚，出现资金短缺，贷款的利率就会调增，企业的资金成本相对而言就会增加。例如，企业可以选择陆金所、红岭创投等实力较强的 P2P 网贷平台。

（2）调整财务结构。

调整财务结构，一般是企业根据实际需要调整财务状况，如为了增加控制或债务重组（如借新债还久债）等。这种情况下，对资金的需求往往是一次性的，而且数额可能较大，因此作为融资人企业，首先要考虑的是资金的成本（即利息），因为是一次性借款，所以企业不需要做长期借款的打算。综合这些考虑因素，企业可以选择规模一般，利率相对较低的 P2P 网贷平台。例如，企业可以选择综合评级前 20 以外的 P2P 平台，如丁丁贷、惠人贷等。

（3）长期小额应急贷款。

对于企业的清查和评估结果，企业还需要做出更长远的分析，如果实际情况需要长期融资，或是存在财务不稳定情况，需要多次短期融资应急的，企业有长期借贷融资打算，应该做好长期合作的准备，在 P2P 网贷平台建立良好的信誉形象。

建立良好的信誉需要企业能够做到按时按量地偿还贷款，这就需要企业的财务部门通过对企业历年的盈利情况做出分析，并且按时计提偿债准备金。

因此，做好长期贷款准备的企业应该加强财务部门的建设和监管。

专家提醒

P2P 网贷是非常方便、快捷、高效的。从财务的角度上分析，任何企业都会有现金流不稳定的时候，一旦企业的现金流量过低或者出现负值，就会造成企业的生产瘫痪，企业必须从外部获得现金，以保障生产的进行。而此时，最快的从外部获得现金的方式就是 P2P 网贷。

2．根据行情来选择

当前 P2P 网贷的行情是借款人在进行 P2P 融资时应该考虑的一个重要因素，这个因素至关重要，可能直接决定企业能否顺利借到资金，以及因为借款所付出的成本（利息）。同时，如果借款人想长久发展，就必须充分研究 P2P 网贷行情。

整个 P2P 网贷的行业平均收益，目前处于下跌状态，这对于融资人来说确实是个好消息，因为投资人收益降低了，借款人的利息也会降低，说明 P2P 网贷平台资金越来越多。

新华社旗下《金融世界》与中国互联网协会发布了《中国互联网金融报告（2014）》，对当前互联网金融领域的发展、创新、安全、监管等进行了盘点分析。报告显示，截至 2014 年 6 月，我国 P2P 网贷平台数量达到 1263 家，半年成交金额近 1000 亿元，几乎相当于 2013 年全年成交金额。

尽管 P2P 平台乱象频现，监管风也愈吹愈烈，P2P 行业却并没有显示出任何颓败之势，相反，新平台如雨后春笋般层出不穷，其中不乏拥有国资背景的平台。各大商业银行和上市公司也看准了时机，先后布局 P2P。在招商银行率先推出"e+稳健融资项目"之后，国开金融、包商银行等各领域巨头也纷纷加入了市场竞争，逐渐形成了国有阵营、金融机构阵营、上市公司阵营和草根阵营并立的局面。

而在整个 P2P 行业欣欣向荣的背后，却是行业整体收益的下降。根据网贷之家网站 6 月底的数据显示，目前 P2P 平台单日平均投资综合年化收益率在 13.56%，国有阵营和金融机构阵营平台的利率普遍在 10% 以内，草根阵营中里的几个"老牌"P2P 平台收益也都控制在 12% 左右。对比几年前动辄 30% 的超高收益，利率的下降正是 P2P 行业正在回归理性的最佳证明。

在《关于促进互联网金融健康发展的指导意见》文件中，央行对互联网金融作了明确的定位：互联网金融是传统金融的补充，它并没有改变金融的本质。金融产品的本质是风险定价，风险总是与收益成正比。

P2P 平台的收益并非从天而降，而是与平台上每一笔交易背后的项目相对应的。为了保证自身的可持续发展，平台必须加强风控，对每一笔贷款申请进行严格的审核，筛选出更为优质的借款人。而目前又有大量理财人出于高收益的诱惑源源不断进入 P2P 投资领域，导致 P2P 市场供大于求，优质借款人得以拥有更好的议价条件，能以更低的利率获取贷款。

因此，如何吸纳更多的优质借款人将成为 P2P 平台的重要课题。

最热门的 P2P 平台并不是收益最高的，广大投资者更看中的是低风险。反过来想，投资人的收益降低，借款人的成本也会随之降低。

综上所述，就当前 P2P 行情来看，整个投资人收益趋于下降，各大重量级金融公司涉入 P2P 网贷，市场趋于稳定化，投资人的投资风险越来越低，而选择 P2P 投资的人也越来越多，作为 P2P 运营商，就需要寻找大批的借款人来将资金贷出以获得利息。而此时，则是融资人借入资金的最佳时机。

从平台选择来看，借款人应该选择风险级别稳定，实力较强的 P2P 平台，因为这样的平台，资金成本相对较低。

117　拍拍贷下载与安装

拍拍贷成立于 2007 年 6 月，公司全称为 "上海拍拍贷金融信息服务有限公司"，总部位于上海，是中国第一家 P2P（个人对个人）网络信用借贷平台。拍拍贷同时也是第一家由工商部门特批，获得 "金融信息服务" 资质，从而得到政府认可的互联网金融平台。拍拍贷用先进的理念和创新的技术建立了一个安全、高效、诚信、透明的互联网金融平台，规范了个人借贷行为，让借入者改善生产生活状况，让借出者增加投资渠道。拍拍贷相信，随着互联网的发展和中国个人信用体系的健全，先进的理念和创新的技术将给民间借贷带来历史性的变革，拍拍贷将是这场变革的领导者。

本节将介绍如何使用手机下载与安装拍拍贷 APP。其方法如下：

（1）打开手机里的软件商店，搜索 "拍拍贷"，如图 9-2 所示。

（2）显示详情界面，点击 "免费下载" 按钮，如图 9-3 所示。

（3）显示下载进度，如图 9-4 所示。

（4）下载完毕，系统自动安装程序，如图 9-5 所示。之后弹出下载安装成功页面，如图 9-6 所示。

■ 图9-2 搜索"拍拍贷"

■ 图9-3 点击"免费下载"按钮

■ 图9-4 显示下载进度

■ 图9-5 自动安装

■ 图9-6 安装成功

专家提醒

  拍拍贷定位于透明、阳光的民间借贷，是中国现有银行体系的有效补充。民间借贷基于地缘、血缘关系，手续简便、方式灵活，具有正规金融不可比拟的竞争优势，可以说，民间借贷在一定程度上适应了中小企业和农村地区的融资特点和融资需求，增强了经济运行的自我调节能力，是对正规金融的有益补充。

118　拍拍贷注册与登录

下载软件后要注册与登录，本节以拍拍贷为例，介绍具体方法如下：

（1）打开主界面，点击"登录/注册"按钮，如图9-7所示。

（2）点击"注册"按钮，如图9-8所示。输入手机号、验证码和密码，如图9-9所示。

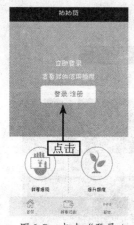

■ 图9-7　点击"登录/注册"按钮　　■ 图9-8　点击"注册"按钮　　■ 图9-9　输入信息

（3）显示出定位界面，设置所在地省份和城市，如图9-10所示。

（4）设置身份属性，如图9-11所示。

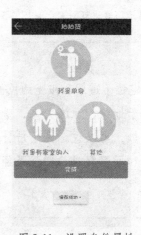

■ 图9-10　定位界面　　　　■ 图9-11　设置身份属性

专家提示

　　在注册登记时需要注意，P2P 平台的密码分为登录密码和资金交易密码，双重密码是为了保障投资者的资金安全。

　　密码相当于交易的钥匙，投资者必须牢记密码并做好保密工作。密码可以是任何字符，包括数字、字母、特殊字符等，长度在 6～16 位之间，区分英文字母大小写，因此密码最好是包含字母、数字、特殊字符的组合，不要设置成常用数字，如生日、电话号码等，也不要设为一个单词。密码的位数应该超过 6 位，要经常修改密码，并为网上理财服务设置独立的密码。

119　实名认证

　　实名认证是非常重要的一个环节，P2P 网贷讲求的就是信用借贷，本节以 "拍拍贷" 为例，介绍使用手机进行 P2P 网贷实名认证的方法，操作如下：

　　（1）显示实名认证界面，如图 9-12 所示。

　　（2）输入姓名、身份证号、邮箱、文化程度信息，如图 9-13 所示。

■ 图 9-12　实名认证　　　　■ 图 9-13　输入信息

120 绑定银行卡

实名认证以后要进行银行卡的绑定，以便更好地享受手机 P2P 网贷的一站式服务，方法如下：

（1）显示"银行卡绑定"界面，如图 9-14 所示。

（2）之后选择银行，并输入银行卡号、开户省份、手机号、验证码，如图 9-15 所示。

■ 图 9-14　银行卡绑定　　　■ 图 9-15　输入信息

121　贷出资金，进行投资理财

从本质上讲，用户在 P2P 网贷平台借出资金就可以看成是购买了某平台的理财产品（这里以陆金所为例）。因此，借出资金的流程与购买理财产品类似，其具体方式如下：

（1）用户登录陆金所主页后，点击"投资理财"按钮，如图 9-16 所示。

（2）进入"投资理财"界面，点击"众多新客户专享特惠项目"按钮，如图 9-17 所示。

（3）选择理财产品，如图 9-18 所示。

（4）显示项目详情，点击"立即投资"按钮，如图 9-19 所示。

■ 图 9-16　点击 "投资理财" 按钮　　■ 图 9-17　点击 "众多新客户专享特惠项目" 按钮　　■ 图 9-18　选择理财产品　　■ 图 9-19　点击 "立即投资" 按钮

　　产品说明是用户了解自己能否盈利最重要的依据，一般来说，阅读说明书要特别注意几个关键点：关注产品是否具有保本条款；关注产品的投资品类型；关注产品的流动性安排；关注产品的预期收益率；关注产品面临的各种风险；关注产品的投资起点金额。

122　进行还款

　　还款是 P2P 项目里必不可少的一个环节，有借就有还，还款的及时与否关系到个人的信用问题，这是至关重要的。本节介绍如何使用宜人贷 APP 进行还款。

　　（1）打开宜人贷 APP 首页，点击 "普通模式" 按钮，如图 9-20 所示。

　　（2）进入 "点击账户登录" 界面，点击 "我的还款" 按钮，如图 9-21 所示。立即点击 "去申请" 按钮，如图 9-22 所示。

■ 图 9-20 点击"普通模式"按钮

■ 图 9-21 点击"我的还款"按钮

■ 图 9-22 点击"去申请"按钮

123 提升额度

信用卡额度提高能更好地应对各种突发经济事件，还能帮助用户更好地制订理财计划。提升信用卡额度的方法如下：

（1）打开拍拍贷 APP 首页，点击"提升额度"按钮，如图 9-23 所示。

（2）显示"社交信用等级"界面，选择社交平台，如图 9-24 所示。

■ 图 9-23 点击"提升额度"按钮

■ 图 9-24 "社交信用等级"界面

（3）显示"身份信用等级"界面，选择授权方式，如图 9-25 所示。

（4）显示"人工审核"界面，点击"点击人工审核"按钮，如图9-26所示。

（5）显示"上传身份证"界面，添加身份证正反面以及本人手持身份证图片，如图9-27所示。

■ 图9-25　选择授权方式　　　■ 图9-26　点击"点　　　■ 图9-27　上传身份证
　　　　　　　　　　　　　　　击人工审核"按钮

专家提醒

　　作为拍拍贷的贷款人，应该保持良好的心态，养成良好的还款习惯，用各种切实可行的方法来证明自己，这样，P2P审核人员会主动为用户增加额度。

124　P2P理财平台——红岭创投

　　深圳市红岭创投电子商务股份有限公司（简称红岭创投）于2009年3月在深圳成立，是中国网络信贷行业的领跑者。公司业务涵盖网络信贷、股权投资、财富管理、产业园运营等诸多领域，现已发展成为行业内有影响力的金融控股集团，旗下主营创新型金融服务平台——红岭创投。

　　红岭创投网站通过收取合理的服务费，运用快捷高效的业务模式，为借款人、投资人提供网络供求信息匹配服务，同时由深圳可信担保有限公司（简称"可信担保"），为交易双方提供信息咨询和有偿担保服务。

　　（1）打开"红岭创投"首页，如图9-28所示。

（2）查看理财产品，如图 9-29 所示。

■ 图 9-28　打开"红岭创投"首页　　　　■ 图 9-29　查看理财产品

125　P2P 理财平台——陆金所

陆金所全称是上海陆家嘴国际金融资产交易市场股份有限公司，为平安集团旗下成员，是中国最大的网络投融资平台之一，2011 年 9 月在上海注册成立，注册资本金为 8.37 亿元，总部设在上海陆家嘴。

陆金所致力于结合金融全球化发展与信息技术创新，以健全的风险管控体系为基础，为广大机构、企业与合格投资者等提供专业、高效、安全的综合性金融资产交易信息及咨询相关服务。

陆金所旗下网络投融资平台于 2012 年 3 月正式上线运营，作为中国平安集团倾力打造的平台，陆金所结合全球金融发展与互联网技术创新，在健全的风险管控体系基础上，为中小企业及个人客户提供专业、可信赖的投融资服务，帮助用户实现财富增值。截至 2014 年 1 月末，注册用户已逾 570 万。

2014 年 5 月，陆金所被美国最大的 P2P 研究机构评为中国领先并具有重要国际影响力的金融资产交易信息服务平台，其 P2P 线上交易服务已经位列全球三甲。

陆金所是上海唯一通过国务院交易场所清理整顿的金融资产交易信息服务平台。

2015 年 1 月，陆金所荣获上海市政府颁发的上海金融创新奖，是唯一一家获奖的互联网金融企业，并被推选为上海市互联网金融行业协会（筹）副会长单位及中国小额信贷联盟的理事单位。

使用陆金所 APP 理财的步骤如下。

（1）打开陆金所 APP 首页界面，如图 9-30 所示。

（2）查看不同种类的投资理财项目信息，如图 9-31 所示。陆金所 APP 中有 "陆米世界" 板块，会员可以累积积分，参与更多的理财活动，第一时间掌握理财资讯，如图 9-32 所示。

■ 图 9-30 打开首页界面

■ 图 9-31 理财项目

■ 图 9-32 "陆米世界"
板块

126 P2P 理财平台——人人贷

人人贷是一家 P2P 借贷平台。简单地说，就是有资金并且有理财投资想法的个人，通过中介机构牵线搭桥，使用信用贷款的方式将资金贷给其他有借款需求的人。

其中，中介机构负责对借款方的经济效益、经营管理水平、发展前景等情况进行详细的考察，并收取账户管理费和服务费等费用。这种操作模式依据的是《合同法》，其实就是一种民间借贷方式，只要贷款利率不超过银行同期贷款利率的 4 倍，就是合法的。

人人贷的兴起使得资金绕开了商业银行这个媒介体系，实现了金融脱媒

（Financial Disintermediation），出借人可以自行将资金借给在平台上的其他用户，而平台通过制定交易规则来保障交易双方的利益，同时还会提供一系列服务性质的工作，以帮助借贷双方更好地完成交易。在人人贷诞生之前，个人如果想要申请贷款，首先想到的是银行，需要前往银行设立的网点递交申请、提供繁复的材料，之后经过一定时间的等待，才能获得想要的资金。人人贷则不同，个人通过登录网站成为注册用户后，填写相关信息，通过相关验证，便可以发布个人贷款信息。人人贷相对传统银行贷款业务，特点之一是便捷。此外，P2P网络借贷对于个人及中小企业借贷方具有门槛低、审批快、手续简、额度高等优势。

（1）打开人人贷APP首页界面，如图9-33所示。

（2）理财产品的种类和具体的借贷信息如图9-34所示。

■ 图9-33　"人人贷"首页　　　　■ 图9-34　理财产品和借贷信息

127　P2P平台选择技巧

投资者们在选择投资平台时应该是最慎重的，一个平台适不适合去投资，投资者们要进行深入的了解。因为只有正确选择合适的平台，才能做到合理地理财，更好地规避风险，避免出现如图9-35所示的情况。

■ 图9-35　谨慎选择P2P平台

1．平台背景

风控能力是 P2P 网贷平台生存的关键。自有资金实力是一个平台的直接数字证明。虽然行业内绝大多数都在宣传 "平台本息担保，100% 无风险"，但大多数公司的自有资金是有限的，能支持多大交易规模仍是问题，投资者在选择时通常优先考虑这个问题，但这对于一个平台来说，这并不是一个关键资本。平台能否稳操胜券，主要是靠其风险控制能力和模式，拥有强大风险控制能力的平台，才是投资者的首选。

2．平台模式

借款人来源直接反映了一个平台的模式。在我国，由于个人征信体系的不完善等诸多原因，评估哪些人可以成为借款人是平台发展的一个关键因素。借款人主要分为两大类：有信用的和有抵押物的。

选择有抵押物的人作为借款人，基本可以保障 100% 安全。但信用借款人，主要以征信单、房产证、收入证明等作为评估参考依据，其风险仍不可能完全避免。这就需要投资者在选择平台时，认清平台的模式，明确借款人的来源，降低借款投资的风险。

3．成立时间

由于目前 P2P 贷款平台的成立门槛较低，几个合伙人注册一家公司，再制作一个网站就可以开业，所以在财富的示范效应下，P2P 平台曾经于 2010—2011 年迎来了大爆发，但是同时淘汰掉的也不少，所以选择 P2P 贷款时一定要看它的成立时间，能够在长时间的市场 "大浪淘沙" 中存活下来的，自然在公司经营方面有过人之处。

4．资金流动

目前，P2P 平台由于没有贷款牌照，还属于民间借贷，借贷资金的进出往往要通过网站创始人的个人账户或公司账户进行，为了规避风险，目前大部分 P2P 平台都选择和第三方支付平台合作，模式为 P2P 公司在第三方支付平台开一个公司账户，出借人的钱打进公司账户，P2P 网站再把钱打给贷款人。尽管这还达不到款项直接从出借方的第三方支付账户到达借入方的第三方支付账户的理想模式，但已经在相当程度上规避风险了。

5. 本金保障

各 P2P 平台的本金保障基本相同，也就是当坏账总金额大于收益总金额时，会在一定时间内（一般是 3 个工作日内）赔付差额，保障本金可以全额收回。目前大部分 P2P 网站的本金保障措施对于出借方是不另外收取费用的，但是出借人在借出时，要注意有"本金保障"字样的贷款项目。同时还要看本金保障的范围，有的网站是只赔本金，有的可以赔付本息。

128　P2P 平台制胜方法

近年来，P2P 公司如雨后春笋般纷纷在市场涌现，P2P 企业正在以 400% 的增长率迅速占领市场，P2P 理财因其收益可观、风险较低等特点受到了投资理财爱好者的广泛关注。与此同时，由于 P2P 准入门槛较低，导致在 P2P 平台迅速发展的同时，风险也逐渐增加，投资者在选择 P2P 平台时需要注意的事项以及投资中的风险介绍如下。

1. 慎选平台，控制风险

投资者在选择 P2P 平台时，一定要亲自对平台的状况进行考察，认清虚假信息和虚假平台等，以防上当受骗。

2. 分散投资，降低风险

俗话说，鸡蛋不能放在同一个篮子里，P2P 平台为小额资金的分散投资提供了可能，根据经济学原理，每位借款人的还款是独立性极强的事件，这样风险就被分散。

例如，投资者将 1 万元借给一个借入者，假设违约率为 1%，一旦出现那 1% 的概率，那么所承受的风险将是 100%，但是如果将 1 万元分成 100 元一笔，借出给 100 个违约率为 1% 的借款人，在这种投资方式下损失本金的概率将会变得非常低。因此，建议投资者在 P2P 理财时，应该将资金至少分散投资给 10 人或更多的人，通过分散投资来降低风险。

3. 私下交易，坚决避免

用户应避免尝试私下交易。私下交易的约束力极低，不受《合同法》的保护，造成逾期的风险非常高，同时个人信息将有可能被泄漏，存在遭遇欺骗甚至受到严重犯罪侵害的隐患。网站将不为任何会员间的私下交易承担垫付。

4. 双重密码，妥善保管

一般来说，P2P 平台的密码分为登录密码和资金交易密码，双重密码都是为了保障投资者的资金安全。投资者必须牢记密码并做好保密工作。密码可以是任何字符，包括数字、字母、特殊字符等，长度在 6 ～ 16 位之间，区分英文字母大小写，因此密码最好是包含字母、数字、特殊字符的组合，不要设置成常用数字，如生日、电话号码等，也不要设为一个单词。密码的位数应该超过 6 位，最好经常修改密码，并为网上理财服务设置独立的密码。

5. 硬件设备，安全维护

定期进行安全补丁更新，安装防病毒软件及个人防火墙，特别注意间谍软件，间谍软件往往作为某些服务的免费下载程序的一部分下载到个人电脑或手机中，或在未经同意的情况下被下载等。

间谍软件能够监测和搜集用户的上网信息，例如获取个人信息，包括密码、电话号码、信用卡账号及身份证号码等，因此强烈建议投资者安装并使用较有信誉的反间谍软件产品以保护财产免受间谍软件的侵害。

6. 特定圈子，不熟不投

同其他 P2P 网站中的借款人是独立的个体相比，P2P 借款人不是完全孤立的，在注册时需要选择加入一定圈子或和其他会员进行邀请好友的关联，这样可以确保借款人的真实性，同时也具备一定的关联性。选择自己熟悉的圈子，如校友圈子、同城圈子，与自己同类型或同区域的人群产生圈内借贷关系比投资给不在一个区域的陌生人会更安全。

129　借款人付息还款的方式

付息还款的方式根据平台的不同有所区别。这里简单介绍一下红岭创投对还款及付息的规定。

1. 按月分期还款

VIP用户均可在额度内发布借款标，按月等额本息还款。

2. 按季分期还款

会员等级达到金牌以上可以发布季度还款标，每月还息，季度还本。

3. 按月到期全额还款

会员等级达到白金，或网站快借客户，可申请发布到期还本方式的借款，但必须经过网站审核确认，符合条件方可开通权限。借款期限在12个月以内，每月还息，到期还本。

4. 按天一次性还款

VIP会员均可发布按天借款标，发标前请保证账户有足额的借款管理费，发布按天借款将冻结相应资金，按天借款标逾期当天进行垫付。

5. 按天计息按月还款

（1）该类型借款标逾期当天由可信担保垫付本金和利息还款，债权自动转让为可信担保所有。

（2）该类型借款标利息是以年化利率按天计息，计算公式为：最终实收利息总额＝年化利率÷365×（实际借款天数＋2），注意，2天为借款人多付的奖励利息。

（3）该类型借款标每月付息，当月利息以当月实际天数根据公式计算得到；在借款期限内可中途提前还款。如提前还款，则以实际天数计息并多支付2天奖励利息。多付2天的利息将在全部还清时一次性支付，整个借款期限内只支付一次奖励利息。

（4）该类型借款标借款管理费以发标时的借款期限，按每个月借款本金的0.5%收取，投资管理费以投资人实收利息的10%收取。

130　P2P理财注意事项

在选择P2P公司时一定要多走动，多调查，选择有正规资质，规模较大，信誉好的公司办理业务，这样可以保障投资者资金的安全。选择 P2P 理财产品时还需要注意以下方面。

1．产品的风险控制

看所选择 P2P 理财产品的平台是否规范，是否有一套完善的风险管控技术，是否有抵押，是否有一套严格的信审流程，是否有一个成熟的风险控制团队，是否有还款风险金，是否每一笔的债券都非常透明化，是否每个月都会在固定的时间给客户邮寄账单和债权列表等，以上都是非常重要的问题，所以客户在进行选择时一定要了解清楚。

2．所选产品的平台实力

一般平台越大，其风险管控越严格，因为平台大，所以每一笔债权都是经过严格审核，才会转让给出借人。另外，公司的实力和规模也是衡量一个公司规范与否的非常重要的指标。还有公司的注册资金，在全国的营业部的规模也都是非常重要的指标。

3．合同的规范性

认购产品时务必要把合同中的每一条认真地阅读，明确每一条甚至每个字的具体含义，千万不要马马虎虎就把合同签署了，而对于其中的条条框框一无所知，若将来真的产生风险，后悔就来不及了。

MOBILE
MONEY
HANDBOOK

第 10 章

手机炒股——想炒就炒方便快捷

学前提示

如今，越来越多的人开始使用手机炒股票。手机炒股票有着传统炒股无法比拟的优势，如快捷、方便、开销小等。不过在开始手机炒股票之前，还要进行许多的准备工作，这也是手机炒股的基础。

要点展示

股票的概念和特征
手机炒股的 3 种方式
同花顺 APP 的下载与安装
使用手机进行股票开户
股票的买卖技巧

131　股票的概念和特征

股票是股份公司（包括有限公司和无限公司）在筹集资本时向出资人发行的股份凭证，代表着其持有者（即股东）对股份公司的所有权。这种所有权为一种综合权利，如参加股东大会、投票表决、参与公司的重大决策等，并收取股息或分享红利等。在股票电子化以前，股民购买股票时可以得到一张印刷精致的纸质凭证，即实物股票，如图10-1所示。

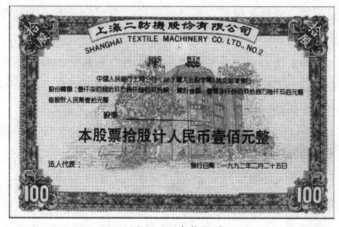

■ 图10-1　实物股票

股票作为一种有价证券，有以下几个特点。

（1）不可偿还性。股票是一种无偿还期限的有价证券，当投资者认购了股票后，就不能再要求退股，只能通过二级市场卖给第三方。股票的转让只意味着公司股东的改变，并不减少公司资本。从期限上看，只要公司存在，它所发行的股票就存在，也就是说股票的期限等于公司存在的期限。

（2）参与性。作为股票持有者，每一位股民都有参与股份公司盈利分配和承担有限责任的权利和义务。股东有权出席股东大会，选举公司董事会，参与公司重大决策等。股票持有者的投资意志和享有的经济利益，通常是通过行使股东参与权来实现的。股东参与公司决策的权利大小，取决于其所持有股份的多少，只要股东持有的股票数量达到左右决策结果所需的数量时，就能掌握公司决策控制权。

（3）收益性。股东凭其持有的股票，有权从公司领取股息或红利，获取投资的收益。股息或红利的大小主要取决于公司的盈利水平和公司的盈利分配政策。股票的收益性还表现在股票投资者可以获得价差收入或实现资产保值增值。通过低价买入和高价卖出股票，投资者可以赚取价差利润。

（4）流通性。股票的流通性是指股票在不同投资者之间的可交易性。流通性通常以可流通的股票数量、股票成交量以及股价对交易量的敏感程度来衡量。可流通股数越多，成交量越大，价格对成交量越不敏感（价格不会随着成交量一同变化），股票的流通性就越好，反之就越差。股票的流通，使投资者可以在市场上卖出所持有的股票，取得现金。通过股票的流通和股价的变动，可以看出人们对于相关行业和上市公司的发展前景和盈利潜力的判断。那些在流通市场上吸引大量投资者、股价不断上涨的行业和公司，可以通过增发股票，不断吸收大量资本进入生产经营活动，收到了优化资源配置的效果。

（5）价格波动性和风险性。股票在交易市场上作为交易对象，和商品一样，有自己的市场行情和市场价格。由于股票价格要受到如公司经营状况、供求关系、银行利率、大众心理等多种因素的影响，其波动有很大的不确定性，正是这种不确定性，有可能使股票投资者遭受损失，价格波动的不确定性越大，投资风险也越大。因此，股票是一种高风险的金融产品。例如，当 IBM 业绩不凡时，每股价格高达 170 美元，但在其地位遭到挑战，出现经营失策而导致亏损时，股价下跌到 40 美元。因此，如果投资者不合时机地在高价位买进该股，就会导致严重损失。

专家提醒

由于电子技术的发展与应用，我国深沪股市股票的发行和交易都借助于电脑电子通信系统进行，上市股票的日常交易已实现了无纸化，所以现在的股票仅仅是由电子系统管理的一组组二进制数字而已，但从法律上来说，上市交易的股票都必须具备上述特点。我国发行的每股股票的面额均为一元人民币，股票的发行总额为上市的股份有限公司的总股本数。

132　手机炒股的 3 种方式

使用手机进行股票交易，一般是通过电话委托（热线电话、短信）、WAP网站、股票软件直接下单等形式实现，其优势也各不相同。

1. 电话委托

电话委托是一种比较传统的股票委托交易方式，即委托人以电话形式委托证券商，确定具体的委托内容和要求，由证券商、经纪人受理股票的买卖交易。只要用户有手机或电话，即可对股票进行买卖交易。

　　电话委托一般作为网络委托出现异常时的备用委托途径，由于需要根据提示音操作，相对比较烦琐，速度慢，因此使用这种方式委托的用户已经比较少了。

2. 手机 APP

此处更加推荐使用手机 APP 进行交易，目前主流的手机炒股软件有大智慧、同花顺等，这里以大智慧手机版为例，简单介绍一下手机炒股软件的功能。

大智慧手机版的主要功能有行情列表、分时走势、K 线图、基本面、大事提醒、自选股设定、拼音查询、大盘走势、涨跌排行、精品资讯、委托交易和最新浏览以及自动升级等，如图 10-2 所示。除了各种与股票相关的功能以外，用户可以通过大智慧及时获得最新资讯，如图 10-3 所示。

■ 图 10-2　大智慧功能一览　　　　■ 图 10-3　"最新资讯"界面

3. WAP 网站

对于那些无法安装 APP 的非智能手机来说，也有无线炒股的方法，那就是通过 WAP 炒股。WAP 炒股无需下载 APP，只要用手机登录专门的 WAP 网站，就可以进行行情查看、买入卖出等交易了，如图 10-4 所示。需要注意的是，这种方式的安全性、方便性稍差点。

■ 图 10-4　通过 WAP 网站查看股市行情

133　同花顺 APP 的下载与安装

手机炒股第一步就是要下载手机炒股的 APP，随时随地在手机上进行交易，掌握第一手实时资讯。本节以在手机中使用 91 助手下载同花顺 APP 为例，介绍通过应用商店下载炒股 APP 的步骤。

某些品牌手机（如 iPhone 等）会预装供用户下载软件的应用商店，在网络允许的情况下，可以直接在手机的应用商店下载，这样就不需要通过电脑来传输。对于手机本身没有应用商店的用户，也可以先安装一个，方便自己下载软件应用。

（1）在手机上打开 91 助手，点击手机屏幕下方中间的"搜索"按钮，如图 10-5 所示。

（2）在搜索栏输入欲安装软件（如同花顺），并点击"搜应用"按钮，如图 10-6 所示。

（3）执行操作后，显示搜索结果，选择适合的应用程序（如同花顺手机炒股票），点击"下载"按钮，如图10-7所示。

（4）执行操作后，即可开始下载该APP，并显示下载进度，如图10-8所示。

（5）下载完成后，应用商店会完成自动安装APP的操作。

■ 图10-5 点击"搜索"按钮

■ 图10-6 点击"搜应用"按钮

■ 图10-7 点击"下载"按钮

■ 图10-8 下载软件

134 大智慧APP的注册与登录

手机炒股第二步就是手机炒股APP的注册与登录，本节以大智慧APP为例，介绍注册与登录的具体操作方法。

大智慧手机版是由上海大智慧软件开发有限公司针对时下市场流行的各款手机操作系统平台，秉承用户使用习惯独立设计、开发而成，其界面友好，用户无需花费过多时间学习，便能在最短的时间内轻松玩转"大智慧"，成为当下投资者在移动状态下的必备之选，股市风向标。

（1）启动大智慧APP，点击"进入大智慧"按钮，如图10-9所示。

（2）进入"自选"页面，点击右下角的"我"按钮，如图10-10所示。

（3）进入"我"的界面，点击"未登录"按钮，如图10-11所示。

（4）进入"登录"界面，点击"注册"按钮，如图10-12所示。

■ 图 10-9　点击"进入大智慧"按钮　■ 图 10-10　点击"我"按钮　■ 图 10-11　点击"未登录"按钮　■ 图 10-12　点击"注册"按钮

（5）进入"用户注册"界面，输入相应的用户名和密码，如图 10-13 所示。

（6）点击"提交"按钮，提示用户注册成功，如图 10-14 所示。

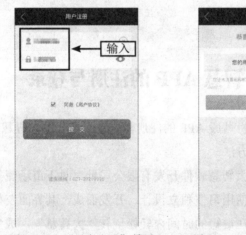 

■ 图 10-13　"用户注册"界面　■ 图 10-14　提示用户注册成功

（7）点击"完成"按钮，即可登录大智慧手机版，如图 10-15 所示。

（8）点击用户名一栏，进入"个人中心"界面，用户可以在此修改昵称、密码，以及绑定安全手机、邮箱、银行卡和 QQ 等，以增强账号的安全性，如图 10-16 所示。

■ 图 10-15　登录大智慧手机版

■ 图 10-16　"个人中心"界面

135　使用手机进行股票开户

　　手机炒股的第3步就是使用手机软件进行股票开户，有了自己的账户，就可以进行股票交易了。本节以同花顺 APP 为例，介绍如何使用手机炒股票软件开户，具体的操作方法如下：

　　（1）切换至"首页"的第二页，点击"股票开户"按钮，如图 10-17 所示。

　　（2）选择相应的券商，点击"立即开户"按钮，如图 10-18 所示。

■ 图 10-17　点击"股票开户"按钮

■ 图 10-18　点击"立即开户"按钮

　　（3）提示用户下载专用开户 APP，点击"确定"按钮，如图 10-19 所示。

　　（4）下载完成后，点击"安装"按钮，如图 10-20 所示。

■ 图 10-19 点击"确定"按钮

■ 图 10-20 点击"安装"按钮

（5）安装完成后点击"打开"按钮，稍等片刻进入主界面，继续点击想要选择的证券商，如图 10-21 所示。

（6）进入"手机验证"界面，输入自己的手机号码，点击"获取验证码"按钮，接收到短信后将验证码填入验证码框内，点击"下一步"按钮，如图 10-22 所示。

■ 图 10-21 "同花顺股票开户"主界面

■ 图 10-22 "手机验证"界面

（7）进入"上传身份照片"界面，根据提示添加相应照片，点击"下一步"按钮，如图 10-23 所示。

（8）之后系统会自动识别个人信息并补全，确认无误后，点击"下一步"按钮，如图 10-24 所示。

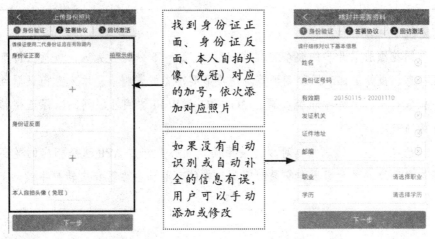

找到身份证正面、身份证反面、本人自拍头像（免冠）对应的加号，依次添加对应照片

如果没有自动识别或自动补全的信息有误，用户可以手动添加或修改

■ 图10-23 上传身份照片　　　　　■ 图10-24 核对并完善资料

（9）进入"选择营业部"界面，系统会自动选择营业部，点击"下一步"按钮即可，如图10-25所示。

（10）进入"20秒视频见证"界面，点击"开始检测"按钮，如图10-26所示。之后，证券商客服人员将通过视频对用户进行身份确认，验证过程中客服会进行逐一提示，用户只需要按照要求回答相关问题即可，验证完成后请按要求进行操作，然后等待券商审核之后即可获得券商资金账号。

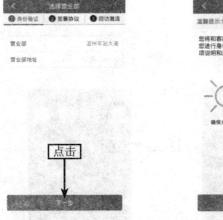

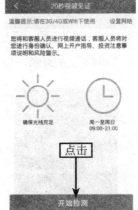

■ 图10-25 选择营业部　　　　　■ 图10-26 点击"开始检测"按钮

　　同花顺股票开户的整个流程非常简单，3～5分钟可完成，包括上传身份证信息、视频见证、风险测评等。用户需要准备的资料有：本人身份证原件、一张银行卡，另外手机需要通过3G、4G或WiFi访问互联网，以保证视频见证的通畅。

　　已经开过户的客户，可以先使用同花顺股票开户APP选择相应的券商办理转户手续，之后需要在交易时间到现在的营业部去办理相应转户手续。

136　通达信APP——查看市场行情

　　查看市场行情是手机炒股APP的一个重要功能，下面介绍使用通达信手机炒股软件查看市场行情的具体操作方法。

　　（1）打开通达信APP，默认进入"市场"界面，用户可以在此选择相应的股指类型，如沪深、板块、港股、环球等，系统会在该界面中列出领涨板块，以及涨幅榜、跌幅榜、5分钟速涨榜、5分钟速跌榜、换手率榜、量比榜，如图10-27所示。

　　（2）如果这些都不够用，还想同时看到更多的指数，用户可以点击右上角的■■按钮进入"市场"界面来添加，如图10-28所示。

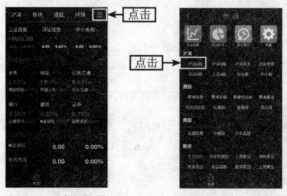

■ 图10-27　"市场"界面　　　■ 图10-28　选择更多指数

（3）点击"沪深 A 股"标签进入其界面，可以显示沪深两市的 A 股列表，如图 10-29 所示。

（4）点击"涨幅"标签，即可对沪深两市的 A 股涨幅进行降序排列，如图 10-30 所示。

■ 图 10-29　"沪深 A 股"界面　　　　■ 图 10-30　排列个股顺序

（5）在"证券名称"标签栏滑动屏幕，用户还可以切换查看总金额、量比、今开、最高、最低、昨收、市盈率、总股本、流通股本、总市值、每股收益、每股净资等数据排行，如图 10-31 所示。

（6）选择感兴趣的股票，点击右下角的"＋自选"按钮，即可将当期选择的股票加入自选股，如图 10-32 所示。

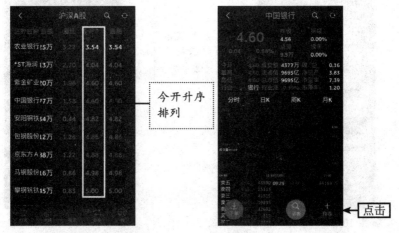

■ 图 10-31　切换查看其他数据排行　　　■ 图 10-32　点击"＋自选"按钮

（7）进入"市场"界面，点击"板块"标签，将显示各种板块的涨跌幅情况，如图 10-33 所示。

（8）点击"港股"标签，在该界面显示的是沪港通开通后投资者可以做的港股，如图 10-34 所示。

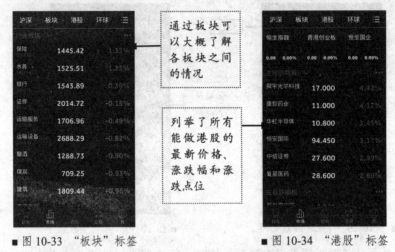

■ 图 10-33 "板块"标签　　　　　　■ 图 10-34 "港股"标签

（9）"市场"界面下方显示的是现货市场、全球市场、基金等的走势，如图 10-35 所示。

（10）点击其中任何一个标签，都会显示出标签所代表的市场，例如，点击"货币基金"标签，将显示货币基金的收益情况，如图 10-36 所示。

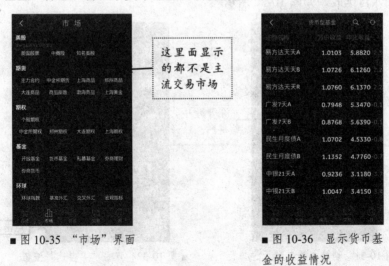

■ 图 10-35 "市场"界面　　　　　　■ 图 10-36 显示货币基金的收益情况

港股是指在香港联合交易所上市的股票。香港的股票市场比大陆的成熟、理性，对世界的行情反应灵敏。

137　通达信的注册与登录

通达信软件是多功能的证券信息平台，与其他行情软件相比，有简洁的界面和行情更新速度较快等优点。通达信允许用户自由划分屏幕，并规定每一块对应哪个内容。快捷键也是通达信的特色之一。通达信还有一个有用的功能，就是"在线人气"，该功能可以帮用户了解哪些是当前关注，哪些是持续关注，又有哪些是当前冷门，可以更直接地了解各个股票的关注度。

深圳市财富趋势科技有限责任公司是一家资深的证券业高科技企业，致力于证券分析系统和计算机通信系统的研究开发，自 1995 年成立以来，经过蓬勃发展，已经成为该行业的典范。其开发的行情源被同行业多企业采用，是目前市场上非常主流的拥有自主开发证券类软件能力的企业。深圳市财富趋势科技有限责任公司在证券行业的著名品牌是"通达信"。

本节主要介绍通达信手机炒股软件的注册、登录等操作方法。

（1）通过手机浏览器进入通达信官网（http://www.tdx.com.cn/home/），点击"会员中心"超链接，如图 10-37 所示。

（2）进入登录界面，点击"注册"超链接，如图 10-38 所示。

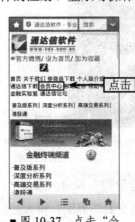

■ 图 10-37　点击"会员中心"超链接

■ 图 10-38　点击"注册"超链接

手机理财宝典——左手理财右手赚钱

（3）设置相应的账号、密码、手机号码、身份证号码、验证码，点击"下一步"按钮，如图 10-39 所示。

（4）设置相应的联系人、联系地址、Email、保密问题和回答等，点击"提交"按钮即可，如图 10-40 所示。

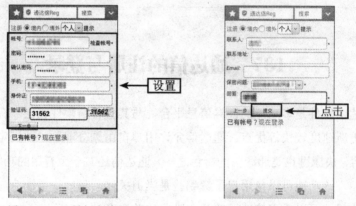

■ 图 10-39　设置相应选项　　　■ 图 10-40　点击"提交"按钮

（5）打开通达信 APP，点击右下角的"我"按钮，如图 10-41 所示。

（6）进入"我"界面，点击"我的交易账号"按钮，如图 10-42 所示。

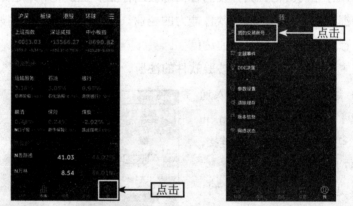

■ 图 10-41　点击"我"按钮　　　■ 图 10-42　点击"我的交易账号"按钮

（7）进入"账号管理"界面，点击"添加新账号"按钮，如图 10-43 所示。

（8）进入"登录交易"界面，输入相应的客户号和密码，点击"立即登录"按钮即可，如图 10-44 所示。另外，用户也可以使用证券账号进行登录。

■ 图 10-43　点击"添加新账号"按钮　　■ 图 10-44　点击"立即登录"按钮

138　益盟操盘手——APP 看 K 线

益盟操盘手以其独特的数据分析模型、简单的提示界面为证券投资者提供了有效的辅助决策功能。益盟操盘手颠覆了传统的简单机械的炒股方式，根据一套完整的操作逻辑，从选时（大势）、选股、跟庄（主力资金）、波段操作（买卖提示）提供系统的辅助决策功能，真正为投资者提供一站式服务。

使用益盟操盘手 APP 查看 K 线走势图的具体操作方法如下。

（1）打开益盟操盘手交易软件，进入主界面，点击右上角的搜索按钮🔍，如图 10-45 所示。

（2）执行操作后，进入"股票查询"界面，在搜索框中输入相应的股票代码或名称，如中国石化的股票代码 600028，下方会显示相应的搜索结果，点击该结果即可，如图 10-46 所示。

■ 图 10-45　益盟操盘手主界面　　■ 图 10-46　查询股票

手机理财宝典——左手理财右手赚钱

（3）执行操作后，进入该只股票的分时走势图界面，如图10-47所示。

（4）按住屏幕向右翻动，即可进入中国石化的K线走势图界面，显示个股的K线以及资金博弈情况，如图10-48所示。

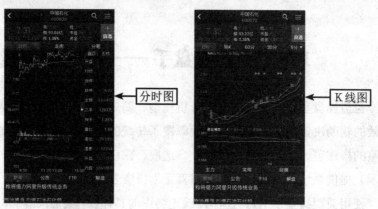

■ 图10-47　分时走势图界面　　　　■ 图10-48　K线走势图界面

（5）点击屏幕上的████按钮，即可切换查看不同时间段的K线走势图，如图10-49所示。

（6）点击K线图上方相应的周期按钮，即可切换显示不同的K线周期，如图10-50所示。

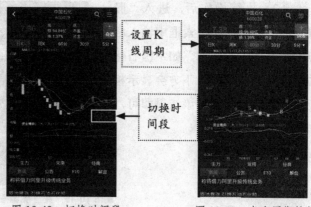

■ 图10-49　切换时间段　　　　■ 图10-50　点击周期按钮

（7）点击下方的"主力""常用""经典"按钮，可以切换查看不同的指标，如图 10-51 所示。

■ 图 10-51　设置 K 线辅助指标

（8）点击"F10"按钮，即可打开个股的基本面信息，如公司状况、财务指标、主营构成、主要股东等，如图 10-52 所示。

（9）点击"解盘"按钮，益盟操盘手 APP 提供了相应的个股诊断信息，让用户随时把握股票异动，不错过每一个盈利良机，如图 10-53 所示。

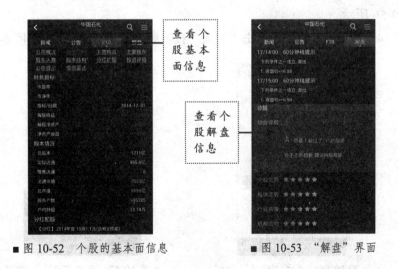

■ 图 10-52　个股的基本面信息　　　　■ 图 10-53　"解盘"界面

139 使用手机进行股票交易买卖

使用同花顺手机炒股票软件下单的具体操作方法如下。

（1）进入个股分时走势图界面，点击底部的"下单"按钮，在弹出的列表框中选择"买入"选项，如图10-54所示。

（2）执行操作后，进入"A股交易"界面，点击"券商设置"按钮，添加开户券商，如图10-55所示。

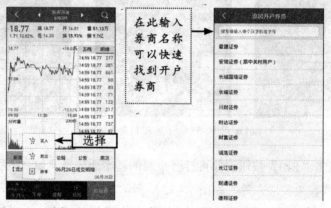

■ 图10-54 选择"买入"选项　　　■ 图10-55 选择相应开户券商

（3）设置开户券商后，输入交易账号和密码，点击"登录"按钮，如图10-56所示。

（4）设置买入数量后点击"买入"按钮即可下单，如图10-57所示。

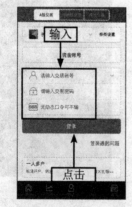

■ 图10-56 点击"登录"按钮

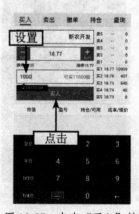

■ 图10-57 点击"买入"按钮

140　炒股 APP——e 海通财

海通证券股份有限公司成立于 1988 年，是国内成立最早、综合实力最强的大型券商之一，业务范围涵盖经纪、投行、并购、资产管理、融资融券、基金、期货和 PE 投资等全方位金融服务。海通证券（600837）于 2007 年在上海证券交易所挂牌上市并完成定向增发，总资产和净资产位居行业第二位。公司拥有遍布全国的 220 家营业部，拥有 400 万零售客户和超过 1 万个机构客户及高端客户，客户资产规模近万亿元。

海通证券在移动端推出了 e 海通财 APP，能够全方位满足用户的交易、理财、投资、融资和支付需求，用户在弹指间便可在网络及智能手机平台实现自己的财富轻松管控，开启五位一体的财富 e 时代，如图 10-58 所示。无论从哪方面来考量，e 海通财都可以称得上是海通证券的"拳头"型产品，分量颇重。

核心一：账户五大功能（交易、理财、投资、融资、支付）

核心二：互联网五大平台（在线开户、网上营业厅、在线商城、手机证券 APP、微信）

核心三：五大优势产品（现金管理、资管产品、OTC 产品、小额融资产品、消费支付产品）

■ 图 10-58　e 海通财 APP

与"宝宝们"仅仅在现金管理领域"小打小闹"不同，e 海通财以账户为基础，以平台为支撑，以产品为抓手，推出了账户 5 大功能、互联网 5 大平台和 5 大优势产品，集账户、平台、产品三位为一体，更加注重整体性，成为海通证券多业务平台整合的催化剂和黏合剂。

e 海通财的主要特征如下。

（1）全球行情尽在掌中：沪深主板、中小板、创业板、港股、外盘，各类行情皆知晓。

（2）新财富第一的研究实力，为用户提供专业的资讯指导：海通证券有新财富第一研究团队，为用户提供只有机构客户才能享受的专业分析。

（3）信号不好，也能闪电下单：基于分布在全国多地的委托站点，全地域覆盖电信、联通、移动网络，保证用户的下单能够快速传递到交易中心，信号不好也能极速下单。

（4）开户和业务办理用手机就能完成：通过手机开户，分分钟可以完成；办理业务无需再到营业厅。

（5）用户体验致精致简：专业设计师团队，每个细节都精雕细琢，保证用户使用的流畅度。

（6）实时到价提醒，解放用户的时间：e海通财具有到价提醒功能，随时帮用户关注账户动态。

（7）产品商城，买产品不用再迷茫：海通证券拥有专业资产管理子公司，并提供上百种理财产品，用户总能找到一个符合自己理财需求的产品。

在海通证券看来，从互联网证券的创新角度而言，网上开户等单项业务绝不应是创新的全部。互联网证券应该定位于发挥互联网思维，全面整合券商的交易、理财、投资、融资、支付等功能，以平台切入、以数据支撑，通过互联网技术不断优化客户体验，挖掘客户真实需求，促进客户需求与产品、服务的准确匹配。

专家提醒

2014年7月2日，海通震撼推出了e海通财1号理财产品，投资额5万起，预期年化收益率为7%。e海通财1号上线后短短6秒，首期2500万理财产品即被抢购一空，还有超过2亿元的申购资金未能中签，其火爆程度让人瞠目结舌，也让众多没能抢到的投资者略表遗憾。

e海通财1号产品名称为"海通月月财第150期"，也是海通资管的产品之一，在OTC平台销售。在余额宝等众多理财产品年化收益徘徊在4%～5%时，该款理财产品的预期年化收益率达到7%，让人眼前一亮。加之其购买方便，可通过e海通财APP直接购买，也支持微信直接购买，更吸引了广大理财客户的目光。

141　炒股 APP——易淘金

广发证券股份有限公司是中国十大证券品牌，国内首批综合类证券公司，中国市场最具影响力的证券公司之一，同时也是大型金融控股集团、A 类 AA 级证券公司，资本实力及盈利能力在国内证券行业持续领先。

易淘金是广发证券旗下专为零售客户打造的线上综合服务平台，是广发证券全自主开发的电商平台，也是券商基于网络平台的新型服务模式，如图 10-59 所示。

"易淘金"推出的主要功能包含网上理财、网上业务办理、网上开户、网上咨询等，为客户提供全方位购物体验。易淘金已实现逾 1000 个公募基金产品、29 个广发资管产品、46 款服务资讯产品的在线展示、导购、支付及结算，便于客户进行一站式购买；所有产品都提供了细致的产品信息描述，帮助客户多维度、多层次深入了解产品并进行投资决策；而关键字检索、代码检索、分类筛选等多样化的产品检索方式，以及基金比较、财富管理计算器等一系列线上淘金工具，帮助客户进行专业理财规划。

广机证券的易淘金是一款集股市行情、股票交易、在线理财为一体的免费理财（金融／投资／财经／炒股／证券）软件，它具有人性化的界面，快捷的交易功能、强大的到价提醒、丰富的财经资讯和多款高收益理财产品，支持多终端云同步自选股

■ 图 10-59　易淘金 APP

（1）交互式服务：有问必答，7000 名专业服务人员 24 小时在线秒速响应；专业资讯、股票预警信息、服务信息自动推送。

（2）高收益理财：金融超市，1000多款产品供用户选购，提供"智能搜索快捷购买"功能，将高收益产品一网打尽。

（3）快速融资：简约通融资线上申请仅需30秒，征信易、额度高、费用少，手机操作流程更便捷。

（4）在线交易：支持股票交易、新股申购、基金与理财产品的购买以及沪港通等功能。

另外，易淘金建立了统一账户体系——广发通，助推客户分类分级服务。对于广发证券交易客户，广发通统一账户实现了客户股基、信用等账户资产的全景查询，客户通过一个账户即能对自身资产交易等各类信息了如指掌，并可将自己关注的股票、产品通过"我的自选"记在云端，从而在手机证券端共享。对于非广发客户，网站提供广发通注册功能，客户注册登录后享受免费产品体验、网上自助开户等各类线上优惠及服务。

142　炒股APP——易阳指

国泰君安证券股份有限公司是中国十大证券品牌，国内最大综合类证券公司之一，同时也是国内规模最大、经营范围最宽、网点分布最广的证券公司之一，其经营管理、风险控制、合规体系、信息技术等在国内都属于领先水平。"易阳指"是国泰君安证券专为手机用户推出的一款永久免费的股票软件，可帮助用户即时掌握证券行情、了解最新财经资讯、进行证券交易，随时随地畅享国泰君安免费提供的全方位专业服务。

用户可以直接从网上下载易阳指APP，也可以用手机发送短信8到95521，系统会自动回复下载链接，点击下载链接并选择适合于自己手机型号的版本即可。建议用户开通手机流量套餐，行情刷新是会使用流量的。只要是国泰君安证券的网上交易客户，并在易阳指WAP网站或易阳指APP中预设账号，即可凭交易密码通过手机进行委托交易及查询。

首次进入易阳指APP时，系统会显示风险提升，用户最好能详细地阅读一遍，以免产生不必要的损失，如图10-60所示。点击"确定"按钮，即可进入"国泰君安证券"主界面，如图10-61所示。易阳指APP新增了全球股市指数、外汇行情、商品行情等功能。

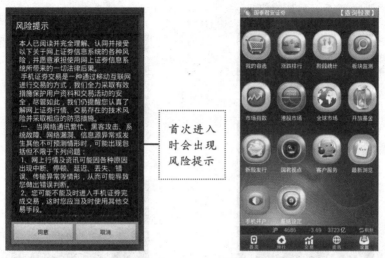

■ 图10-60　风险提示　　　　　　■ 图10-61　"国泰君安证券"主界面

选择某只股票后，即可查看其分时图、K线图、资讯、F10等信息，如图10-62所示。此外，还新增了K线周期，分析指标更齐全。

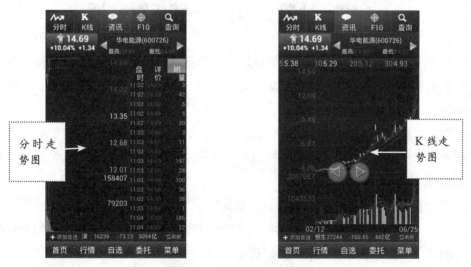

■ 图10-62　查看股票详情

易阳指 APP 中的资讯经过重新梳理，新增国泰君安视点、策略研究、个股研报，更加适合手机阅读，如图 10-63 所示。使用易阳指 APP 可以及时进行交易，但用户需要通过手机号码激活账户。

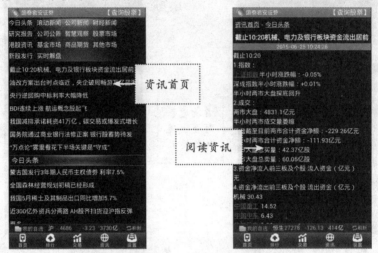

■ 图 10-63 "易阳指"资讯

143 炒股 APP——涨乐财富通

华泰证券股份有限公司是中国证监会首批批准的综合类券商，全国最早获得创新试点资格的券商之一，也是集证券、基金、期货、直接投资和海外业务等为一体的、国际化的证券控股集团。

涨乐财富通 APP 是华泰证券为广大投资者量身定制的新一代移动理财服务终端，用户在一个软件中可快速完成行情浏览、资讯阅读、股票买卖等操作，免除炒股时多个软件切换的烦恼。

"资讯"模块包含"研究"、"要闻"、"自选"和"专题"板块。

（1）"研究"板块：提供每日金股、大管家资讯、VIP 资讯（根据套餐进行配置）等特色服务，如图 10-64 所示。

（2）"要闻"板块：向客户展示市场要闻并配合专家点评、沪深今日特别提示等，如图 10-65 所示。

投资每日金股，帮助用户降低投资风险，让用户把握先机轻松选股，稳操胜券

■ 图10-64 "研究"板块

■ 图10-65 "要闻"板块

（3）"自选"板块：为客户提供"自选股资讯"，如图10-66所示。

（4）"专题"板块：提供各种概念股的专题信息，如沪港通专题、人工智能专题、新能源汽车专题、互联网＋专题等，如图10-67所示。

"专题"板块以独到、准确、全面的报道带用户找寻各类事件的蛛丝马迹，把握政策的来龙去脉

■ 图10-66 "自选"板块　　　　　■ 图10-67 "专题"板块

"行情"模块主要有"市场"和"自选股"两大行情。

（1）"市场"行情：可看按"大盘""流向""港股""全球"等类目进行查询，并实现根据涨幅榜、跌幅榜、今日明细、今日增仓等条件进行排序，如图10-68所示。

（2）"自选股"行情：可查询自选股的行情，以及与自选股相关的"新闻""行情""专家"等资讯，如图10-69所示。

■ 图 10-68 "市场"行情

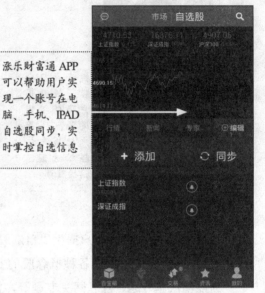

涨乐财富通 APP 可以帮助用户实现一个账号在电脑、手机、IPAD 自选股同步，实时掌控自选信息

■ 图 10-69 "自选股"行情

在自选股板块中，用户可以管理自选股、同步自选股和添加自选股。自选股管理菜单可实现自选股排序、与电脑同步功能，其中，与电脑同步功能可通过上传、下载、合并 3 种方式进行同步。"专家"在线栏目中，有权限的客户可向在线专家进行提问。

无论是否自选股，都可以设置"行情预警"，设置警戒线的纬度为"股票价格高于""股票价格低于"。另外，由个股行情界面可直接切换到融资融券交易。

"交易"模块可进行委托交易以及查询持仓股操作。

（1）"委托交易"板块：可进行股票的买入、卖出、撤单、融资融券、基金交易、购买理财产品、银证转账、财富平台、其他交易（质押回购、大宗交易、报价回购、股转系统、ETF 网下股票认购、证券出借），可查询我的持仓、当日委托、当日成交信息，还可进行新股申购，查询资金明细、查询交割单等，如图 10-70 所示。

（2）"持仓股"板块：可查看个人资产，进行"银证转账"的操作与查询，如图 10-71 所示。点击"查看个人资产"按钮后，可查询个人的详细资产状况，如股票、理财产品、基金等的持仓情况。

■ 图 10-70　"委托交易"板块

华泰证券"打新神器"，就是股票质押式回购形式的产品，具体是指投资者以所持有的股票质押，向华泰证券融入资金，并约定在融资期间仅将资金用于网上申购新股，并在到期日返还本金及利息、解除质押的交易

■ 图 10-71　"持仓股"板块

在"百宝箱"模块可购买基金、紫金理财产品、信托产品和资讯产品，如图 10-72 所示。

用户可以通过"我的"模块（如图 10-73 所示）查询自己的总资产、现金、股票、理财产品、场外基金、普通账户、信用账户等资金情况。

■ 图 10-72　"百宝箱"模块

天天发属于现金管理型的低风险理财产品，投资者当日卖出股票或其他交易品种所得资金，当日可立即买入华泰紫金天天发；当日卖出紫金天天发所得资金，可立即投入股票／其他交易品种

■ 图 10-73　"我的"模块

144　炒股 APP——宏源天游

申万宏源证券有限公司（简称"申万宏源"）是由新中国第一家股份制证券公司——申银万国证券股份有限公司与国内资本市场第一家上市证券公司——宏源证券股份有限公司于 2015 年 1 月 16 日合并组建而成。2015 年 1 月 26 日，申万宏源（股票代码 000166.SZ）在深交所主板市场正式挂牌上市，成为深交所上市的大型金融控股集团，成为国内目前规模最大、经营业务最齐全、营业网点分布最广泛的大型综合类证券公司之一。

宏源天游手机证券 3G 版是宏源证券为客户精心打造的集行情、资讯、交易和服务于一体的移动证券软件，支持沪深、基金、权证、港股、外汇、期货、资金流向、全球股指、宏源理财产品、金宏源资讯、在线交易、银证转账等功能。

宏源天游具有全新的界面设计、顺畅的交互体验，用户可以实时了解股市行情，及时查阅财经资讯，轻松实现在线交易，如图 10-74 所示。

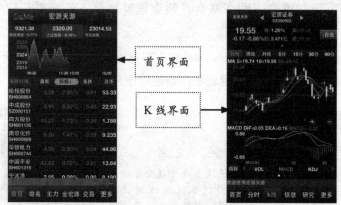

■ 图 10-74　宏源天游 APP

开通申万宏源手机委托方式如下：

（1）若用户已经在申万宏源开立相关证券账户，但还没有开通手机委托方式，则可以登录网页交易系统，自助开通手机委托方式。

（2）若用户还没有在申万宏源开立相关证券账户，必须先到公司营业部开立相关证券账户或在公司网站进行预约开户。

（3）若用户已经在申万宏源开立相关证券账户，且已开通手机委托方式，则可直接通过宏源天游手机证券系统进行相关委托交易操作。

145　炒股APP——玖乐

　　中国银河证券股份有限公司是经中国证监会批准，由中国银河金融控股有限责任公司作为主发起人，联合4家国内投资者，于2007年1月26日共同设立的全国性综合类证券公司。中央汇金投资有限责任公司为公司实际控制人，公司总部设在北京，注册资本金为60亿元人民币。

　　银河证券的经营范围包括证券经纪、证券投资咨询、与证券交易和证券投资活动有关的财务顾问、证券承销与保荐、证券自营、证券资产管理、融资融券以及中国证监会批准的其他业务。

　　玖乐是银河证券为客户精心打造的移动证券交易系统，该系统集行情、交易、资讯、服务功能为一体，为客户带来理财服务新体验，帮助客户进入轻松体验、快乐理财、财富增值的旅程，如图10-75所示。

玖乐APP首页顶栏最右侧的那4个横线的图标是"设置"按钮，还有两个相反箭头的功能按键是列表自选股走势缩略图，首页默认是自选股页面，"更多"按钮里也隐藏了很多功能

■ 图10-75　玖乐APP

玖乐的特色功能如下。

- 及时的多市场行情、资讯信息。
- 稳定、安全、高效的多品种交易功能。
- 实时的大势研判、盘中播报、个股研报、个股诊断等银河特色产品。
- 图形与列表组合展示、关联快捷便利操作、具有与Android体验高度结合等优势，如图10-76所示。

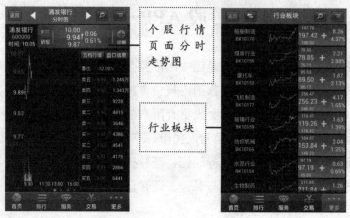

■ 图 10-76 基本功能

146 炒股 APP——金太阳

国信证券股份有限公司是全国性大型综合类证券公司，全国较早取得创新试点资格的证券公司之一，同时也是全国首批获得保荐机构资格的证券公司，股票基金交易额持续多年领先。

金太阳手机证券是国信证券集资金、技术优势倾心打造的一款移动证券理财平台，为客户提供全方位的证券行情、证券交易、个性化资讯、业务办理、账户管理、在线签约等服务，依托国信证券强大的产品平台优势，提供一站式、多样化投资理财服务，真正做到让用户随时随地完成投资。金太阳 APP 的主要功能如图 10-77 所示。

■ 图 10-77 金太阳 APP 主要功能

目前，金太阳手机证券全面覆盖 iOS、Android、Windows 等智能手机系统平台。"金太阳"手机炒股主要功能如下。

（1）实时行情：提供及时清晰的实时行情，强大的图表分析功能（走势图、日 / 周 / 月等 K 线图）及自选股个性化管理功能，可以 24 小时提供深沪两市 A、B 股、权证及基金、债券等类证券品种实时行情、个股基本财务指标、公告信息等查询。

（2）在线交易：能够提供深沪两市各种证券品种的交易、账户查询、业务办理等各项证券投资业务功能，包括买入，卖出，撤单，各类资金股份，成交情况查询，修改密码等。

（3）研究资讯：提供国信证券研究团队动态研究观点摘要、上市公司评级、市场分析等投资咨询参考信息以及国信证券精选财经要闻、公司公告等。

金太阳国信证券手机炒股软件优势如下。

（1）运行稳定：国信证券具有雄厚的技术实力以及多年的非现场交易运行管理经验，确保手机交易系统在任何流量模式下运行稳定。

（2）操作便利：国信证券手机炒股根据客户的手机操作习惯、客户熟悉的网上交易习惯设计买卖、账户查询、业务办理等操作流程，让客户轻松完成投资交易。

（3）完全免费：国信证券手机炒股提供的行情、账户查询、资讯等服务完全免费，国信证券只按国家规定收取证券交易佣金。

（4）服务周到：国信证券为手机炒股客户配备一支专业服务队伍，总部及各分支机构有专业的手机炒股专业服务人员能在第一时间响应客户服务需求。

（5）覆盖面广：国信证券金太阳手机证券全面覆盖 Android、iOS、Windows 系统等手机平台，并支持 K-JAVA、Symbian、黑莓、魅族等市场主流手机系统和品牌。

147　炒股 APP——通用版

中信建投期货经纪有限公司是中国十大证券品牌、中国证监会批准设立的全国性大型综合证券公司、A 类 AA 级证券公司、我国最早成立的全国性证券公司之一，同时也是最具成长性投行、最佳基金代销券商。

中信建投通用版是由中信建投证券推出的一款基于 Android 手机的证券客户端，主要功能模块包括自选股票、行情走势、108 资讯、证券委托、融资融券、掌上基金、期货行情等，整个系统采用 128 位全程加密技术，确保传输过程中交易的安全，如图 10-78 所示。

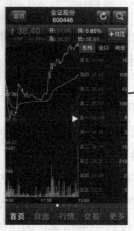

■ 图 10-78　中信建投通用版 APP

148　股票的买卖技巧

投资者进行股票投资就是为了盈利，重点就是低买高卖，赚取其中差价，因此投资者要想在股票投资中制胜，就必须掌握股票投资买卖技巧。

1. 股票买入技巧

对于买点的把握，首先要学会如何判定股市大趋势，底部是股票从长期下跌趋势转向长期上升趋势的过渡期，当投资者最终对个股的底部和趋势做出准确的判断时，就能把握住市场的买点。很多投资者往往都习惯在股市赚 10% 就抛出，可是有些股票最后往往都有很大的涨幅，要正确把握股票买入点。

从心理的角度来说，由于贪婪是人的天性，大家都希望能尽量抓住市场的机会，所以总希望自己买的股票马上就能涨。当看到自己的股票不涨，而其他的股票都涨势度好时，一方面面对自己所选股票不涨的低潮，另一方面在其他股票大涨的诱惑下，绝大多数的投资者都会做出错误的判断。很多投资者都是在个股底部并没有构筑完成时就买入，然后就长时间地经历着底部的巩固和洗盘，渐渐失去耐心，当股价出现小幅上升后又回落洗盘时，投资者就急忙抛出，而这个时候也往往是这些股票开始回涨的时候。因此，投资股市一定要把握好股票最佳买入点，需要注意以下几方面。

（1）在股价向上突破前夕。

（2）股价突破后出现的回抽。

（3）股价回抽完成后进入上涨阶段的追涨买点。

（4）关注股票成交量，量在价先，就是说当股价出现变动时，首先必然是成交量发生变化，然后才导致股价发生变化。

笔者提醒投资者在准备买入股票之前，首先应对大盘的运行趋势有一个明确的判断。一般来说，绝大多数股票都随大盘趋势运行。大盘处于上升趋势时买入股票较易获利，下跌时股市赚钱机会不多。

2. 股票卖出原则

俗话说：会买是银，会卖是金。如果买了好的股票，未能选择好的卖出时机，将会给股票投资带来诸多遗憾。通过对股市的研究，现总结了以下 5 条卖出股票的法则，希望能给大家一些帮助。

（1）7% 止损规则。投资最重要的就在于当犯错误时迅速认识到错误并将损失控制在最小，这是 7% 止损规则产生的原因。

通过研究发现，40% 的大牛股在爆发之后最终往往回到最初的爆发点。同样的研究也发现，在关键点位下跌 7% ～ 8% 的股票未来有较好表现的机会较小。投资者应注意不要只看见少数的大跌后股票大涨的例子。长期来看，持续地将损失控制在最小范围内，投资将会获得较好收益。

因此，底线就是股价下跌至买入价的 7% ～ 8% 以下时，果断卖掉股票。不要担心在犯错误时承担小的损失，因为当没犯错误时，将获得更多的补偿。

使用止损规则时有一点要注意：买入点应该是关键点位，投资者买入该股票时判断买入点为爆发点，虽然事后来看买入点并不一定是爆发点。

（2）高潮之后卖出股票。有许多方法可以判断一只牛股将见顶而回落到合理价位，一个最常用的判断方法就是当市场上所有投资者都试图拥有该股票时，一只股票在逐渐攀升100%甚至更多以后，突然加速上涨，股价在1～2周内上涨25%～50%。

这种情况看似令人振奋，不过持股者在高兴之余应该意识到该抛出股票了。这只股票已经进入了所谓的高潮区，一般股价很难继续上升了，因为没有人愿意以更高价买入了。这时，对该股的巨大需求变成了巨大的卖压。

根据对过去10年中牛股的研究，股价在经过高潮回落之后很难再回到原高点，如果能回来，也需要3～5年的时间。

（3）连续缩量创出高点后卖出，股票价格由供求关系决定。当一只股票股价开始大幅上涨时，其成交量往往大幅攀升。原因在于机构投资者争相买入该股以抢在竞争对手的前头。在一个较长时期的上涨后，股价上涨动力衰竭，股价也会继续创出新高，但成交量开始下降。这时就要小心了，此时投资者愿意再买入该股，供给开始超过需求，最终卖压越来越大。一系列缩量上涨往往预示着反转。

（4）获利20%以后了结。不是所有的股票都会不断上涨，许多成长型投资者往往在股价上涨20%以后卖出股票。如果能够在获利20%时抛出股票而在7%时止损，那么投资4次判断对1次就不会遭受亏损。对于这一规则，欧内尔给出了一个例外，他指出，如果股价在爆发点之后的1～3周内就上涨了20%，不要卖出，至少持有8周。他认为，这么快速上升的股票有股价上升100%～200%的动能，因此需要持有更长的时间以获得更多的收益。

（5）突破最新的平台失败时卖出。股票经历着快速上涨和构筑平台的交替变化，一般来讲，构筑平台的时间越长，股价上升的幅度越大，但这也存在着股价见顶的可能，股价有可能大幅下挫。通常，股价见顶时，盈利和销售增长情况非常好，因为股价是反映未来的。无疑，股价将在公司增长迅速放缓之前见顶。当有较大的不利消息时，如果预计该消息将导致最新平台构建失败，投资者应迅速卖出股票。

149 炒股应注意的风险和陷阱

一直以来，股票都以其高回报的特征吸引着众多投资者，可是由于股票高风险的存在，又让许多人望而却步。其实，炒股不是赌博，而是一种行之有效的投资方法，掌握股票投资的方法和操作规律才是制胜法宝。

人们常说"股市有风险，入市需谨慎"，那么手机炒股究竟有哪些风险呢？投资者又该如何应对炒股风险呢？

就目前而言，可能出现的风险主要有以下3个方面。

（1）服务提供商的安全性问题。在购买股票前，要认真分析有关投资对象，即某企业或公司的财务报告，研究投资对象现在的经营情况以及在竞争中的地位和以往的盈利情况趋势。如果能将保持收益持续增长、发展计划切实可行的企业作为股票投资对象，而和那些经营状况不良的企业或公司保持一定距离，就能较好地防范经营风险。如果能深入分析有关企业或公司的经营材料，并不为表面现象所动，看出其破绽和隐患，并做出冷静的判断，则可完全回避服务提供商的经营风险。

（2）智能手机的安全问题。手机炒股是基于网络炒股的，只有证券商方面开通了网络交易功能，用户才能实现手机炒股。因此，建议用户最好在自己的智能手机中安装正版杀毒软件、反流氓软件工具以及木马查杀工具等，并定期进行查杀。

由于网上交易只要输入自己的账户号码和密码就可以进行操作，如果账户号码和密码被他人盗取，并以投资者的名义进行网络交易，很可能给投资者带来损失。因此，广大投资者在利用互联网进行交易时，不要轻易下载来路不明的软件，以免给不法分子提供可乘之机。此外，经常更改密码，确保密码不被他人知晓，也是保护自己网上交易安全性的方法。

（3）投资者的操作风险。除了保护好账户和交易密码外，投资者在手机上进行股票交易的过程中也需要特别谨慎。其中，网络故障可能造成无法下单或者下单延迟，一旦因为手机或者网络连接出现暂时性故障，导致无法交易，投资者一定要记住应急热线电话。当手机交易软件出现问题时，可以通过电话询问行情或者下达交易指令，避免操作不及时引起的不必要损失。同时，在操作过程中，如果需要进行银行转账，也要注意保护好密码，以免被他人知晓，造成重大损失。

专家点睛

在完成交易后，要正确地退出账户，并关闭交易系统，不能给图谋不轨者留有机会。往往有些投资者在进行投资分析或者交易后，忘记退出系统，而网络运行中经常会给手机带来很多不明病毒，从而给电脑黑客提供了机会，使投资者的账户和密码被盗取而造成损失，因此，投资者需要时刻谨记，在用手机进行交易时，保护好自己的账号和密码是至关重要的。

陷阱与风险的不同之处在于，陷阱是运用不正当的手段人为制造的，目的是故意引诱投资者进入，从中谋取私利。股市中常见的陷阱如下。

（1）技术分析图表的陷阱。很多股市操纵者通过对股价和成交量的操纵，使技术分析图中呈现出一些虚假的买卖时机形态。因此，投资者在决策时还要将技术分析与基本面分析、股市大形势结合起来，不能单纯依赖技术分析。

（2）多头陷阱与空头陷阱。多头陷阱是庄家利用资金、消息或其他手段操纵图表的技术形态，使其显现出多头排列的信号，诱使散户买入。空头陷阱是指市场主流资金大力做空，通过盘面中显现出明显疲弱的形态，诱使投资者恐慌性抛售股票。

（3）财务报表中的陷阱。有些上市公司为了保护本公司的利益，或者出于其他目的，有时会在财务报表上动手脚，以达到欺骗投资者、吸引投资的目的。

（4）内幕交易的陷阱。内幕交易指在公司公开内部消息之前，通过不正当手段获取公司对股价有影响的内幕消息，并利用这些消息进行股票交易或向他人提出买卖股票建议的行为，是违反相关法规的。

（5）成交量的陷阱。成交量是指股票交易市场或者个股买卖交易的数量，也是庄家设置陷阱的最佳办法。

（6）股评陷阱。股评陷阱指有一部分股评人士利欲熏心，为了达到某种目的错误地引导股民，因此，股民在参考评价时也要小心谨慎，不能完全相信。

MOBILE
MONEY
HANDBOOK

第 11 章

手机炒基金——随时随地交易

学前提示

　　"存银行不甘心，炒股票不放心，做地产不安心，买基金最省心"，这句话很好地形容了现如今基金在投资市场上的重要地位，基金以其稳健、易于打理等特点，日渐获得广大投资者的青睐。移动理财的出现，为广大投资者提供了一条更便捷的"炒基"途径。

要点展示

基金的概念
基金理财的优势
选择基金的 5 大法则
炒基金的 3 大技巧
投资基金的 5 大风险

150 基金的概念

基金英文为 Fund，原意为资金，简单地说，基金就是通过汇集众多投资者的资金交给银行托管，并由专业的基金管理公司负责投资于股票和债券等证券，以实现保值增值的目的。基金的种类多种多样，根据不同的划分标准，可以将证券投资基金划分为不同的种类，如图 11-1 所示。

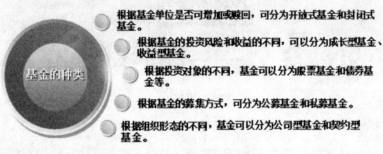

根据基金单位是否可增加或赎回，可分为开放式基金和封闭式基金。

根据基金的投资风险和收益的不同，可以分为成长型基金、收益型基金。

根据投资对象的不同，基金可以分为股票基金和债券基金等。

根据基金的募集方式，可分为公募基金和私募基金。

根据组织形态的不同，基金可以分为公司型基金和契约型基金。

■ 图 11-1 基金的主要分类方式

（1）封闭式基金。封闭式基金是指基金规模在发行前已确定、在发行完毕后的规定期限内固定不变并在证券市场上交易的投资基金。

（2）开放式基金。开放式基金是指份额可以随时改变，即购买后可以随时交易，可通过二级市场交易和持有到期来获利。

专家提醒

封闭式基金因在交易所上市，其买卖价格受市场供求关系影响较大。而开放式基金的买卖价格是以基金单位的资产净值为基础计算的，可直接反映基金单位资产净值的高低。在基金的买卖费用方面，投资者在买卖封闭式基金时与买卖上市股票一样，也要在价格之外付出一定比例的证券交易税和手续费；而开放式基金的投资者需缴纳的相关费用则包含于基金价格之中。一般买卖封闭式基金的费用要高于开放式基金。

（3）成长型基金。成长型基金是指基金管理人为了实现基金资产长期增值的目标，将基金资产投资于信誉度较高，又有长期成长前景或长期盈余的公司的股票。

（4）收益型基金。收益型基金是指基金管理人不注重公司资本增值，而以追求基金当期收入为投资目标，将历史分红记录不错的绩优股和债券等有价证券作为投资对象，将所得的利息和红利等都分配给投资者，从而赚取稳定收益。

（5）股票型基金。股票型基金是指 60% 以上的基金资产投资于股票的基金。股票基金的特点在于与其他基金相比，其投资对象具有多样性，投资目的也具有多样性；与投资者直接投资于股票市场相比，股票基金具有分散风险、费用较低等特点；从资产流动性来看，股票基金具有流动性强、变现性高的特点；对投资者来说，股票基金经营稳定、收益可观；同时，还具有在国际市场上融资的功能和特点。

（6）债券型基金。债券型基金是以国债和金融债等固定收益类金融工具为主要投资对象的基金，因为其投资的产品收益比较稳定，又被称为"固定受益基金"。

（7）公募基金。公募基金就是已经通过证监会审核，可以在银行网点、证券公司网点以及各种基金营销机构进行宣传、销售，并且在各种交易行情中可以看到信息的基金。

（8）私募基金。私募基金是看不到的，是私下悄悄进行的。由于国内私募基金还不合法，一般以投资公司、投资管理公司、投资咨询公司、资产管理公司等身份存在。其操作方法比公募基金简单，一般收益较高，风险较大。

> **专家提醒**
>
> 私募基金不受基金法律保护，只受民法、合同法等一般的经济和民事法律保护。简单地说，就是证监会不会保护私募基金投资者，出了问题要投资者自己解决，或通过法律途径，或私了。

（9）公司型基金。公司型基金也称共同基金，指基金本身为一家股份有限公司，公司通过发行股票或受益凭证的方式来筹集资金。投资者购买了该家公司的股票，就成为该公司的股东，凭股票领取股息或红利、分享投资所获得的收益。

（10）契约型基金。契约型基金又称单位信托基金，指专门的投资机构（如银行和企业）共同出资组建一家基金管理公司，基金管理公司作为委托人通过与受托人签订"信托契约"的形式发行受益凭证（即"基金单位持有证"），并以此来募集社会上的闲散资金。

　　单位信托基金管理公司指专门的投资机构银行和企业共同出资组建的基金管理公司，在组织结构上，它不设董事会，基金管理公司自己作为委托公司设立基金，自行或再聘请经理人代为管理基金的经营和操作。

151　基金理财的优势

　　与股票、债券、定期存款、外汇等投资工具一样，证券投资基金也为投资者提供了一种投资渠道。基金投资之所以受到投资者的青睐，关键原因在于其突出的优势，具体表现在 4 个方面，如图 11-2 所示。

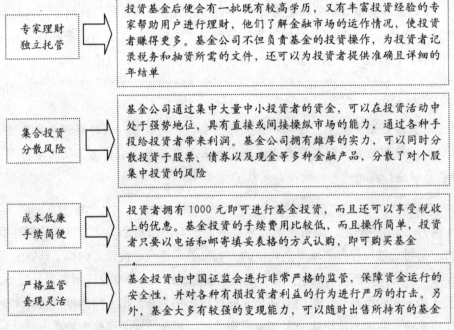

专家理财 独立托管	➡	投资基金后便会有一批既有较高学历，又有丰富投资经验的专家帮助用户进行理财，他们了解金融市场的运作情况，使投资者赚得更多。基金公司不但负责基金的投资操作，为投资者记录税务和抽资所需的文件，还可以为投资者提供准确且详细的年结单
集合投资 分散风险	➡	基金公司通过集中大量中小投资者的资金，可以在投资活动中处于强势地位，具有直接或间接操纵市场的能力，通过各种手段给投资者带来利润。基金公司拥有雄厚的实力，可以同时分散投资于股票、债券以及现金等多种金融产品，分散了对个股集中投资的风险
成本低廉 手续简便	➡	投资者拥有 1000 元即可进行基金投资，而且还可以享受税收上的优惠。基金投资的手续费用比较低，而且操作简单，投资者只要以电话和邮寄填妥表格的方式认购，即可购买基金
严格监管 套现灵活	➡	基金投资由中国证监会进行非常严格的监管，保障资金运行的安全性，并对各种有损投资者利益的行为进行严厉的打击。另外，基金大多有较强的变现能力，可以随时出售所持有的基金

■ 图 11-2　基金投资的优势

基金投资就是让专家替投资者管理资金。虽然基金不能保证年年都有较高利润，但是不太可能出现大亏损，在高风险的股市中具备这样的特点很不容易。

152　选择基金的 5 大法则

　　随着基金业的迅速发展，基金数目和品种日益丰富，并且逐步走进千家万户。对广大投资者来说，认识、分析基金显得越来越重要。

　　好的基金可以使投资者既省力又省钱，但是基金的选择也是一件复杂和令人头疼的事情，如何选到心仪的基金也是一道难题。由于选择基金在投资对象、投资策略等方面存在许多差异，要正确选择，必须坚持一定的法则。

1. 选择基金，要掌握 5 大基本原则

　　市场上的基金产品有很多类型，而同类基金中各基金也有不同的投资对象以及不同的投资策略等。因此，挑选基金应该遵循以下原则，如图 11-3 所示。

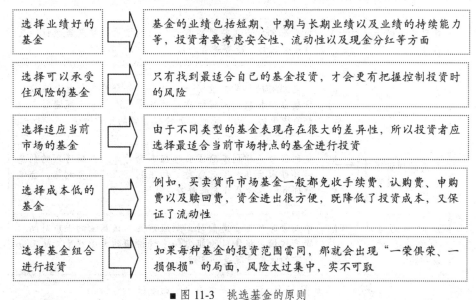

■ 图 11-3　挑选基金的原则

2. 量入为出，把握投资收益与风险

不同的基金产品其风险程度各异，收益和风险是相互关联的，往往收益高的产品其风险也大，如图 11-4 所示。不同的投资者可以根据自身的风险承受能力选择基金。

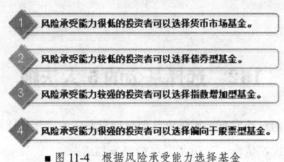

1 风险承受能力很低的投资者可以选择货币市场基金。

2 风险承受能力较低的投资者可以选择债券型基金。

3 风险承受能力较强的投资者可以选择指数增加型基金。

4 风险承受能力很强的投资者可以选择偏向于股票型基金。

■ 图 11-4　根据风险承受能力选择基金

3. 深度挖掘，用心找到潜力基金

投资者在选择基金时，应关注基金日后的升值空间，而非基金现在的市场价格。下面将提供一套行之有效的选择潜力基金的方法，如图 11-5 所示。

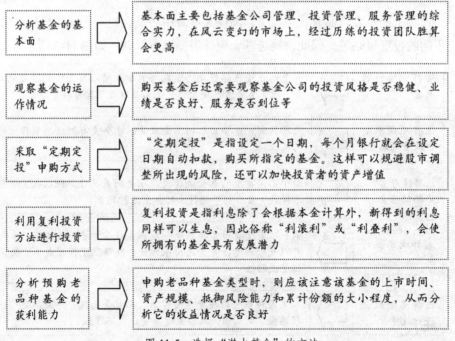

分析基金的基本面	基本面主要包括基金公司管理、投资管理、服务管理的综合实力，在风云变幻的市场上，经过历练的投资团队胜算会更高
观察基金的运作情况	购买基金后还需要观察基金公司的投资风格是否稳健、业绩是否良好、服务是否到位等
采取"定期定投"申购方式	"定期定投"是指设定一个日期，每个月银行就会在设定日期自动扣款，购买所指定的基金。这样可以规避股市调整所出现的风险，还可以加快投资者的资产增值
利用复利投资方法进行投资	复利投资是指利息除了会根据本金计算外，新得到的利息同样可以生息，因此俗称"利滚利"或"利叠利"，会使所拥有的基金具有发展潜力
分析预购老品种基金的获利能力	申购老品种基金类型时，则应该注意该基金的上市时间、资产规模、抵御风险能力和累计份额的大小程度，从而分析它的收益情况是否良好

■ 图 11-5　选择"潜力基金"的方法

4．投资期限，长短不同选择也不同

期限长的基金可以降低风险，获取市场长期上涨的收益。期限短的基金，投资者可以享受赚钱的喜悦，但容易错过好的行情。投资期限的长短直接决定着投资者的投资行为，如图 11-6 所示，介绍了根据投资期限的长短选择基金的方法。

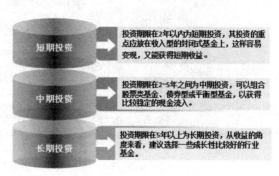

■ 图 11-6　根据投资期限的长短选择基金

长家提醒

判断投资者自身的资金特征与风险承受能力是投资基金的基础，其主要方法如下。

（1）了解自己资金的特点。如果是两年内不会动用的资金，那么就最好购买债券基金。没有足够时间弹性的钱，不能用来投资于股票基金，否则只是投机，就是赌未来市场走势持续向上的可能。

（2）判断自己的风险承受能力。首先，要问自己两个问题：能承受多少损失？当损失真的发生了，会怎么办？这些问题想清楚了，然后仔细研究一下基金管理公司，看看哪家的历史业绩、公司稳定性更值得信赖，再选择一个适合自己承受能力范围内的产品。每类产品选 2～3 个公司的 3～4 个产品进行投资，即可降低自己的基金选择风险。

总之，每个投资者的情况各不相同，别人的不一定适合自己。投资者还是应该从自己的实际情况出发，选择合适的基金投资期限，这样比盲目跟从的效果会更好。

5．不同年龄，选择基金也存在差异

不同年龄阶段的投资者，其收入、心态和所承受的压力各不相同，因此，不同的年龄阶段所选择的基金产品也不尽相同，如图 11-7 所示。

年轻人

通常情况下，年轻的投资者大多经济能力不强、家庭负担较轻，缺乏理财知识，可以进行长期、持续的基金定投，建议以货币基金为主，也可以尝试一下债券基金，有经济条件的可以从大盘型指数基金看手，逐步学习基金理财知识。

中年人

中年人的基本特点都是收入稳定，生活也基本处于安稳的状况，这类投资者真正的投资选择是进行合理的基金组合，即在高风险产品的基础上，进行适当比例的稳健产品配置。

老年人

老年人一般没有额外的收入来源，主要依靠养老金以及前期投资收益生活，风险承受能力比较小。因此，老年人投资理财应注意安全投资、防范风险，可选择稳健、安全、保值的基金产品，如货币市场基金、国债及短债型基金、保本基金等。

图 11-7　根据投资者的年龄选择基金

专家提醒

据悉，欧美成熟市场有一个通行的公式：用 80 减去自己的年龄，就是一个人投资于股票型基金的大致比例。如投资者今年 50 岁，80 - 50 = 30，因此，股票型基金就可以占到基金投资中的 30%。当然，不同的人可以根据自己的风险偏好、投资期限、投资目标适当调整这一比例。

153　3 种方式下载和安装基金 APP

投资者如果要使用手机炒基金，无论是查询行情还是进行交易，都需要下载与安装相应的基金 APP。本节将介绍下载与安装基金 APP 的方法，帮助投资者做好手机炒基金的准备工作。

专家提醒

对于"越狱"的 iPhone 手机，也可以直接复制文件。"越狱"指的是绕过苹果在其设备上对操作系统施加的诸多限制，从而可以"Root 访问"基础的操作系统。越狱可以让 iPhone 用户从苹果应用商店外下载其他非官方的应用程序，或者对用户界面进行定制。但是越狱也有一定的风险，经过越狱的系统有时会不稳定，同时可能会失去苹果官方的保修权利。

1. 通过扫描二维码下载

二维码可以认为是网络链接，用户通过手机扫描二维码后，可以直接跳转至 APP 的下载页面。通过二维码下载基金 APP 的具体步骤如下。

（1）通过电脑进入 APP 下载页面，找到其二维码下载链接，如图 11-8 所示。

（2）打开手机扫描功能，或者有扫描二维码的应用（如微信、UC 浏览器等），并将摄像头对准二维码，如图 11-9 所示。

■ 图 11-8　找到二维码

■ 图 11-9　扫描二维码

（3）扫描完毕后，显示 APP 的下载链接，点击"本地下载"按钮，如图 11-10 所示。

（4）弹出"新建"对话框，设置相应的文件名和保存路径，点击"确定"按钮，如图 11-11 所示。

（5）开始下载 APP，并显示下载进度，如图 11-12 所示。

（6）稍等片刻，即可完成下载，并提示用户是否现在安装，如图 11-13 所示。

（7）点击"确定"按钮，进入安装界面，如图 11-14 所示。

（8）点击"安装"按钮，即可开始安装微信 APP，并显示安装进度，如图 11-15 所示。

（9）安装完成后，点击"完成"按钮即可，如图 11-16 所示。

（10）用户也可以点击"打开"按钮直接打开 APP，如图 11-17 所示。

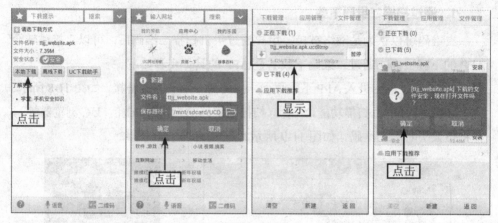

■ 图 11-10 下载页面　■ 图 11-11 点击"确定"按钮　■ 图 11-12 显示下载进度　■ 图 11-13 弹出提示框

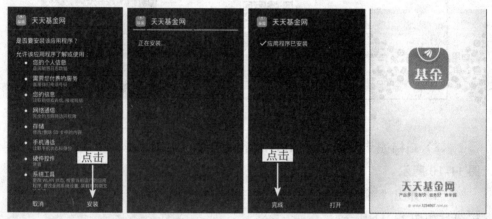

■ 图 11-14 进入安装界面　■ 图 11-15 显示安装进度　■ 图 11-16 完成安装操作　■ 图 11-17 打开 APP

2. 通过手机应用商店下载

　　某些品牌手机（如 iPhone）会预装供用户下载软件的应用商店，在网络允许的情况下，可以直接在手机的应用商店下载，这样就不需要通过电脑来传输。对于手机本身没有应用商店的用户，也可以先安装一个，方便自己下载软件应用，如 91 助手等。

　　值得注意的是，使用手机应用商店直接下载软件会使用用户大量的手机流量，因此最好是在有无线网络的情况下下载。如果用户没有无线网络，同时又使用非 3G（第三代移动通信技术，是指支持高速数据传输的蜂窝移动通信技术）或 4G（第四代移动通信技术，集 3G 与 WLAN 于一体，并能够快速传输数据、高质量、音频、视频和图像等）手机卡时，其下载的速度会非常慢。

　　下面以 91 助手为例，介绍通过应用商店下载基金软件的步骤。

　　（1）在手机上打开 91 助手软件，点击手机屏幕下方中间的"搜索"按钮🔍，如图 11-18 所示。

　　（2）在搜索栏输入欲安装软件名称（如"数米基金宝"），并点击"搜应用"按钮，如图 11-19 所示。

■ 图 11-18　点击"搜索"按钮

■ 图 11-19　点击"搜应用"按钮

　　（3）执行操作后，显示搜索结果，选择适合的应用程序，点击"下载"按钮，如图 11-20 所示。

手机理财宝典——左手理财右手赚钱

（4）执行操作后，即可开始下载该 APP，并显示下载进度，如图 11-21 所示。

■ 图 11-20　点击"下载"按钮　　　　　　■ 图 11-21　下载软件

（5）下载完成后，应用商店会完成自动安装 APP 的操作。

3. 通过电脑第三方平台下载

用户可以在电脑上使用一些专门的第三方平台下载炒基金 APP。下面以 91 助手为例，介绍下载炒基金 APP 的步骤。

（1）在电脑上安装并打开 91 助手软件后，在搜索框中输入"天天基金网"关键词，下面会自动弹出 APP 搜索列表，在列表中选择相应的 APP，左侧会弹出快捷安装面板，单击"安装"按钮即可，如图 11-22 所示。

■ 图 11-22　通过快捷面板安装

（2）用户也可以单击"搜索"按钮 ，进入"淘应用"界面，可以在左侧软件分类中选择自己需要的APP，单击"一键安装"按钮，如图11-23所示。

建议用户安装软件的图标上显示"官方"两个字的软件，这些软件属于官方版本，相对于其他版本使用起来更加安全，特别是这类涉及账户信息的APP

单击

■ 图11-23 通过"淘应用"安装

（3）执行操作后，91助手会自动下载该炒基金APP，并自动将其安装至手机中。

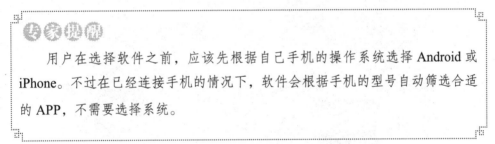

用户在选择软件之前，应该先根据自己手机的操作系统选择Android或iPhone。不过在已经连接手机的情况下，软件会根据手机的型号自动筛选合适的APP，不需要选择系统。

154 掌上基金注册与开户

下载APP以后，就可以注册账号，进行基金开户，本节以掌上基金为例，介绍如何使用手机注册与开设基金账户，其方法如下。

1. 注册

（1）打开掌上基金APP，点击更多选择按钮，如图11-24所示。

（2）点击"登录会员账号"按钮，如图11-25所示。

■ 图 11-24　打开掌上基金 APP　■ 图 11-25　点击"登录会员账号"按钮

（3）输入手机号码，点击"新用户注册"按钮，如图 11-26 所示。

（4）手机收到验证码后，输入验证码，如图 11-27 所示。

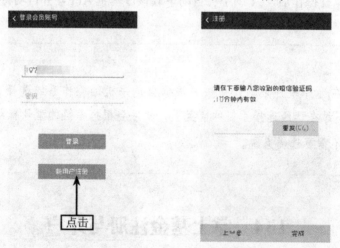

■ 图 11-26　选择新用户注册　　　■ 图 11-27　输入验证码

2. 开户

（1）打开掌上基金 APP，点击"交易"按钮，如图 11-28 所示。

（2）显示登录界面，点击"免费开户"按钮，如图 11-29 所示。

（3）进入开户界面，输入姓名、身份证号、手机号等信息，如图 11-30 所示。

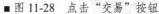

■ 图 11-28　点击"交易"按钮　　■ 图 11-29　点击"免　　■ 图 11-30　输入信息
　　　　　　　　　　　　　　　　费开户"按钮

155　通过支付宝购买基金

开户以后即可进行基金交易，用手机购买基金非常方便、快捷，本节以支付宝为例，介绍如何使用手机购买基金，方法如下：

（1）打开支付宝，点击"服务窗"按钮，如图 11-31 所示。

（2）在搜索框中输入"天弘基金"，点击"确定"按钮，如图 11-32 所示。

■ 图 11-31　点击"服务窗"按钮　　　　■ 图 11-32　输入"天弘基金"

（3）点击"买基金"按钮，如图 11-33 所示。

（4）进入对应的"天弘基金"模块，弹出所有产品，如图 11-34 所示。

■ 图 11-33 点击"买基金"按钮

■ 图 11-34 产品选择

（5）选择产品后显示详情界面，点击"一键购买"按钮，如图 11-35 所示。

（6）显示商品详情，点击"立即购买"按钮，再支付即可，如图 11-36 所示。

■ 图 11-35 点击"一键购买"按钮

■ 图 11-36 点击"立即购买"按钮

　　余额宝就是天弘基金旗下的产品，所以在支付宝中购买天弘基金非常的方便，支付也更加便捷，形成产品购买、支付一体化模式。

156　基金理财平台——天天基金网

天天基金网是首批获牌的第三方基金销售机构，中国最大的基金理财平台。使用天天基金网 APP 可以随时随地一键下单，基金品种全覆盖，基金买卖安全便捷，还可以享受交易费率折扣。

（1）进入天天基金网 APP 主界面后，可以看到有基金交易、活期宝、定期宝、指数宝、自选基金、基金净值、基金估值、基金排行、基金评级、新闻资讯、基金吧等功能，点击"10 秒开户"按钮，如图 11-37 所示，即可进行快速开户操作。

（2）用户可以在"开户"界面输入信息，快速完成基金开户，如图 11-38 所示。

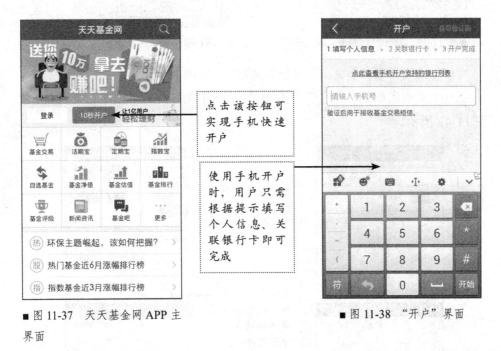

点击该按钮可实现手机快速开户

使用手机开户时，用户只需根据提示填写个人信息、关联银行卡即可完成

■ 图 11-37　天天基金网 APP 主界面

■ 图 11-38　"开户"界面

（3）开户后即可在主界面点击"基金排行"按钮，查看各类基金的排行信息，如图 11-39 所示。

（4）点击相应的列标签，还可以根据要求进行升序或降序排列，方便用户进行对比，如图 11-40 所示。

■ 图 11-39　基金排行信息

■ 图 11-40　切换排序方式

（5）点击相应的基金，即可查看其走势，如图 11-41 所示。

（6）点击底部的"净值"按钮，即可查看该基金的单位净值走势图，如图 11-42 所示。

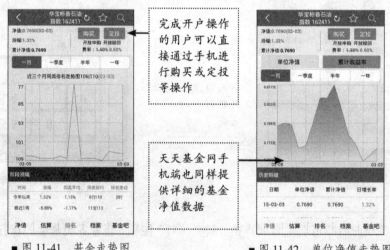

■ 图 11-41　基金走势图　　　　　　　　■ 图 11-42　单位净值走势图

（7）点击底部的"估算"按钮，可以估算该基金的净值，如图 11-43 所示。

（8）在主界面点击"基金评级"按钮进入其界面，显示各类基金的评级信息，如图 11-44 所示。

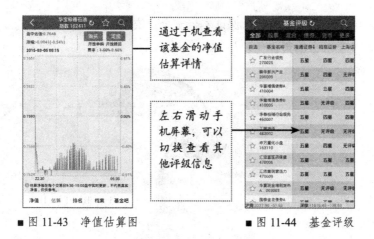

■ 图 11-43　净值估算图　　　　　　■ 图 11-44　基金评级

天天基金网 APP 的主要特点如下。

（1）产品信息，最全最新：全面收集132家银行的理财、信托等产品信息，产品列表清晰展示"预期收益、发行银行、管理期限、保本收益"等核心数据，帮助用户第一时间掌握理财产品市场行情。

（2）资深分析，专业评级：专业分析团队为用户精选高性价比、高收益理财产品，并为每款产品评分评级，使用户决策更轻松、理财更专业。

（3）资讯研报，每日更新：集合了银行理财、信托等相关资讯及研究报告，是了解行业动态的快捷通道。

157　建立基金的投资组合

在股市动荡的今天，在投资基金时就必须做好基金的有效组合工作，同时选择多只基金进行投资，可以分散投资基金为家庭所带来的风险，同时可以将利润达到最高限度。那么，家庭投资者应该如何选择资金组合呢？

1. 组合品种与形态多样化

投资基金，不能简单地在同一类型的基金产品中择优，组合品种与形态应多样化发展，这样可以避免风险，保证本金安全。依照如图 11-45 所示的 3 点原则，便可以实现基金组合的最优化。

保持产品的不相关性，
配置不同类型的基金产品

购买具有抵御市场风险能力的混合
型基金产品或者保本型基金产品

原则

组合基本能达到一个保守
型攻守平衡的优化投资结构

■ 图 11-45　实现基金组合最优化的基本原则

专家提醒

　　投资大师说过，投资是一门科学，也是一门艺术。基金组合投资就是通过对行业和个股进行结构性配置，通过承受较低的风险，力图实现较高的回报。许多投资者在购买基金后，只关注该基金的净值回报率等，而忽略了基金的投资组合的变化。其实，基金的最大利润在于长期持有，这个原则同样适用于基金组合，也就是说投资基金要考虑到基金组合的稳定性，不能随便在不同类型的基金产品之间经常性地转换，尤其是基金组合中的核心组成部分，它牢牢控制着基金组合的投资风格与投资策略，如果随意更换，则可能会使投资目标和投资计划发生变化，导致规避风险的能力下降，甚至影响预期的收益。

2. 组合产品要呈现灵活化

　　由于市面上的基金产品种类较多，如果投资者要实现理财目标，就必须对目前的资产结构进行调整，建立基金投资组合，优化资产配置，才能真正有效地实现理财计划。另外，投资者在投资基金时要灵活组合，可以从以下 3 个方面进行优化，如图 11-46 所示。

■ 图 11-46 优化投资组合产品灵活度的方法

专家提醒

　　投资者在基金组合的过程中，往往会犯不同的错误，从而使自己的基金组合出现问题，不能达到自己的预期收益。这些错误主要表现在以下几个方面。

　　（1）缺乏一个明确的投资目标。投资不能无的放矢，时间一长，投资者很容易忽略某项投资存在的目的。股票基金通常扮演资本增值的角色，而投资于债权基金或者货币市场基金往往是为了获得稳定的收益。对于投资者来说，一定要明白自己持有的组合所期望达到的目的。

　　（2）缺少核心的投资组合。如果投资者持有许多基金却不清楚为什么选择这些基金，那么这种基金组合就缺少核心组合。针对每项投资目标，投资者应选择 3 ～ 4 种业绩稳定的基金构成核心组合，其资产可占到整个组合的70% ～ 80%。

　　（3）其他非核心投资过多。核心组合外的非核心投资可以增加组合的收益，但同时也具有较高的风险。如果投资者对非核心部分投资过多，就会削弱核心组合的投资收益，在不知不觉中承担过高的风险。

　　（4）同类基金选择失当。投资者可以时常检查自己持有的基金风格，可以将持有的基金按风格分类，并科学地确定各类风格基金的比例。某类基金的数目过多时，应该考虑同类业绩排名中较好的。

　　（5）投资运作费用过高。如果两只基金在风格、业绩等方面都很相似，投资者可以选择费用较低的基金。从较长时期来看，年运作费率为 0.5% 的基金和2% 的基金在收益上会有非常大的区别。

3. 组合收益要呈现持续性

投资者投资基金组合并不完全是为了降低风险，还应该以追求利润最大化为最终目标。因为市场有多种形态，为了使基金组合的收益呈现持续性，投资者可采取不同的策略应对市场的变化，如图 11-47 所示。

熊市：投资组合以保本为主

投资者以持有货币和债券基金为主，不但可以保住本金，还能获得超过银行存款的一些收益。

牛市：只需4只基金即可

投资者可依次持有被动型基金（指数基金，比率在40%左右）、成长型基金（股票型基金，比率在20%~25%之间）、中小盘基金（平衡型基金，比率在20%~25%之间）以及债券型基金（比率在10%~15%之间波动），这样的配置可以说是很好的投资组合。

■ 图 11-47　应对市场的变化的投资组合策略

另外，对于中长期稳健型投资者，可持续关注具有相对较高约定收益和折价安全边际的固定收益份额基金。

> **专家提醒**
>
> 投资者在进行基金组合时，一定要结合自身的风险承受能力与投资期限的长短来投资多个不同类型的基金，只有这样才有可能获得较好的理财收益。即使是单一的市场基金，也不可以只购买一两项金融产品，而要按照一定的比例限制进行。基金组合可分为以下两个层次。
>
> （1）股票、债券与货币中的不同组合。当股市行情好时，则着重配置股票型和偏股型基金，反之则以固定收益类基金为主。
>
> （2）债券与股票的组合。即在同一类型的投资等级中选择几个品种的债券与股票来进行权衡。

158　炒基金的 3 大技巧

投资者投资基金应做到提高资金增长率，使投资不断增值，使投资资金保值，因此，投资者需要运用适当的投资策略。如今，通过各类手机 APP，即可让投资者更加轻松地操作基金，快速制定正确的投资策略。

（1）货比三家省费用。基金已经成为最热门的理财品种，但怎么买基金其实有技巧，巧用一些方法可以节省手续费，省出一点费用。对于一个精明的投资者来说，货比三家是购物的"王道"，选择基金也是一样。投资者可以通过各类炒基金 APP 中的筛选和对比功能，快速找出收益高、费率低的基金产品。

（2）风格鲜明看内涵。许多基金都有其独特的内涵，等待投资者去发掘。很多投资者在选择基金时只喜欢看排名，而忽视基金的内涵。其实，比排名更重要的，是稳定性、较为持续的获取收益的能力和较高的长期复合收益率。这些基金内涵的背后，则是一家公司的"综合素质"，如品牌、基金经理人选、投研团队实力。因此，投资者在进行选择前需要鉴别，在手机 APP 中通过走势、收益、经理人、资讯等信息，看清楚每种基金的内涵，寻找最适合自己的风格。

（3）用组合调整投资。高收益、低风险和高流动性是证券市场上所有投资者追求的目标。通过构建投资组合，投资者虽然不能凭空增加利润或者消除风险，但却能够调整投资的收益性、安全性和流动性，将其控制在自己可以接受的范围之内。投资者可以通过手机 APP 判断市场形势，整体的策略可以是：牛市时增加股票基金的比例，熊市时则增加货币基金和债券基金的比例，在行情剧烈震荡、前景不明朗的情况下应该增持配置型基金，便于防守反击。

159　投资基金的 6 种不良习惯

归纳起来，基金投资者的不良投资习惯大致有 6 种，如图 11-48 所示。

| 饥不择食 | 部分投资者发现牛市行情降临，价格大幅上涨，由于担心错失机会，慌忙买进，结果不是买的基金有问题，就是买的时机出差错，有时甚至在强势基金的阶段性顶部位置买入，因而很难获利 |

| 喜低厌高 | 开放式基金并没有"贵贱"之分，在某个时间点上，所有的基金不问净值高低，都是站在同一起跑线上的，基金管理人的综合能力和给投资者的回报率才是取舍的依据 |

| 追涨杀跌 | 这类投资者惯性思维比较严重，市场行情上升时全力追涨，市场行情下跌的时候急忙"割肉"，结果使得市值在反反复复的操作中不断缩水 |

| 炒股思路 | 把基金等同于股票，以为净值高了风险也高，用高抛低吸、波段操作、追涨杀跌、逢高减磅、短线进出、见好就收、买跌不买涨等炒股思路来对待基金，常常既赔了手续费，又降低了收益率 |

| 卖涨留跌 | 行情走好时，大多数投资者会选择将获利的基金卖出，将被套的基金继续捂着，结果，获利卖出的基金仍在继续上涨，而捂在手中的被套基金却依然在低位徘徊 |

| 跟风赎回 | 很多投资者没有主见，看到别人赎回，唯恐自己的那份资产会受损失，也跟着赎回。决定是否赎回的依据，应该是基金管理公司的基本面、投资收益率和对后市的判断 |

■ 图 11-48　基金投资者的不良习惯

160　投资基金的 5 大风险

　　基金只是专家代投资者理财，他们要拿着投资者的资金去购买有价证券，和任何投资一样，具有一定风险，这种风险永远不会完全消失。

　　投资基金主要有 5 大风险，如图 11-49 所示。

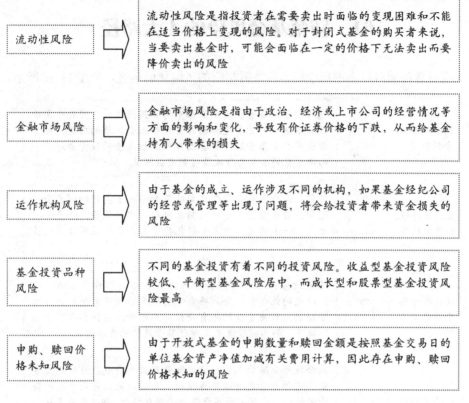

流动性风险	流动性风险是指投资者在需要卖出时面临的变现困难和不能在适当价格上变现的风险。对于封闭式基金的购买者来说，当要卖出基金时，可能会面临在一定的价格下无法卖出而要降价卖出的风险
金融市场风险	金融市场风险是指由于政治、经济或上市公司的经营情况等方面的影响和变化，导致有价证券价格的下跌，从而给基金持有人带来的损失
运作机构风险	由于基金的成立、运作涉及不同的机构，如果基金经纪公司的经营或管理等出现了问题，将会给投资者带来资金损失的风险
基金投资品种风险	不同的基金投资有着不同的投资风险。收益型基金投资风险较低、平衡型基金风险居中，而成长型和股票型基金投资风险最高
申购、赎回价格未知风险	由于开放式基金的申购数量和赎回金额是按照基金交易日的单位基金资产净值加减有关费用计算，因此存在申购、赎回价格未知的风险

■ 图 11-49　基金的 5 大风险

总的来看，购买基金的风险还是要比直接购买股票的风险小，这是因为基金是分散投资，不会出现受单只股票价格巨幅波动而遭受很大损失的情况。基金的波动情况会和整个市场基本接近，对于普通投资者来说能够比较好地回避个股风险，并取得市场平均收益。

由于投资标的价格会有波动，基金的净值也会因此发生波动。封闭式基金的价格与基金的净值之间是相关的，一般来说基本是同方向变动的，如果基金净值严重下跌，一般封闭式基金的价格也会下跌。而开放式基金的价格就是基金份额净值，开放式基金的申购和赎回价格会随着净值的下跌而下跌，所以基金购买人会面临基金价格变动的风险。

161 防范基金风险的4大路径

投资者在面对基金的风险时，应掌握相应的风险化解途径，如图 11-50 所示。

用分红基金稀释风险	高比例分红基金在遇到证券市场震荡行情时，因为可用于低成本建仓的资金充裕而具有稀释基金风险的功能。投资者购买此类基金后，将会因为可承担风险的投资者增多，而使原有的基金仓位风险得到有效降低
采用双经理制降低风险	目前，在个别基金管理公司的基金品种上实行的双基金经理制，将有助于更好地控制基金投资中的风险，避免了投资中"一手遮天"或者个性化投资行为干扰投资决策的情况发生
通过拆分基金稀释风险	基金拆分并不会对基金资产产生实质性影响，但由于以1.00元的低成本拆分，将会吸引更多的投资者踊跃购买基金份额，而使基金的原有仓位得到稀释，同样在震荡市场环境下，而为投资者带来稀释基金风险的直接效果
适时进行投资组合调整	组合投资是降低基金投资风险最有效也是最广泛的投资方法，这种方法之所以具有降低风险的效果，是由于各种投资者标的间具有不会齐涨齐跌的涨跌特性，即使齐涨齐跌，幅度也不会相同。因此，当集中投资组成一个投资组合时，其组合的投资报酬是个别投资的加权平均，其中涨跌的作用也会相互抵消，从而降低风险

■ 图 11-50 基金风险化解途径

第12章

移动保险——手机给你全方位保障

学前提示

　　保险作为一种保障机制,已经成为时下百姓理财不可缺少的一部分。保险可以当做保障人生财富所必需的工具,选择商业保险还能进行投资,使财富增值。移动互联网的发展让用手机购买保险成为一种流行趋势,本章将介绍保险的种类以及如何使用手机购买保险。

要点展示

移动保险的概念

移动保险的好处

移动保险平台——中国平安保险

重大疾病保险

支付宝手机碎屏险

162　移动保险的概念

移动保险是指保险企业采用移动网络来开展一切保险活动的经营方式，包括在保户、政府及其他参与方之间通过移动设备来共享结构化和非结构化的信息，并完成商务活动、管理活动和消费活动。

移动保险的最终目标是实现电子交易，即通过移动网络实现投保、核保、理赔、给付。具体来讲，移动保险的应用范围主要包括以下几个方面。

（1）移动报价。保险公司和一些分支机构将公司简介、公司险种、受保说明、服务内容等公司信息进行发布，让用户通过终端设备可以方便快捷地进行浏览、查询。

（2）移动咨询。保险公司可以通过移动网络来实时解答客户提出的各种保险问题，宣传保险知识，还可以随时以短信方式向客户传递有关保险的各种信息。

（3）移动投保。只要投保人将自己的姓名、性别、年龄、职业及需求保险意向等信息输入到保险公司的移动网络上，保险公司的网络系统就会自动从保险产品中为投保人设计一种最佳的保险计划。

手机是移动保险销售和管理服务最重要的智能终端之一，移动运营商的网络支持，让移动保险成为一种趋势，使保险销售更加方便，自选保障效率高。

手机移动投保是新兴的保险销售渠道，最大的特点在于其销售价格普遍低于其他渠道，也相对简便，适用于多种人群。

163　移动保险的好处

移动保险相比于传统方式来说是有很多好处的，虽然目前许多保险产品是同时通过传统营销渠道和移动网络平台销售的，但真正意义上的移动互联网保险产品至少应该具备 5 个特点，如图 12-1 所示。

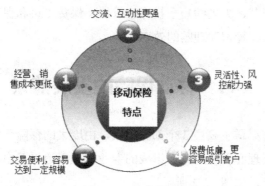

■ 图 12-1 移动保险特点

1. 经营、销售成本更低

通过互联网销售保单，保险公司可以免去机构网点的运营费用和支付代理人或经纪人的佣金，直接大幅节约了公司的经营成本和销售成本，移动互联网将帮助整个保险价值链降低成本达 60% 以上。

2. 交流、互动性更强

移动互联网保险拉近了保险公司与客户之间的距离，增强了双方的交互式信息交流。客户可以方便快捷地从保险服务系统获得公司背景和具体险种的情况，还可以自由选择、对比保险公司产品，全程参与到保单服务中来。

3. 灵活性、风控能力强

移动互联网保险的出现在一定程度上缓解了传统保险市场存在的问题，有助于实现风险识别控制、产品种类定价和获客渠道模式方面的创新，最大程度地激发市场活力，使市场在资源配置中更好地发挥决定性作用。

4. 保费低廉，更容易吸引客户

由于移动互联网降低了保险公司的成本，因此互联网保险的保费通常要比其他渠道更低。保费低的产品由于交易风险较低，显然更易为客户所接受。

5. 交易便利，容易达到一定规模

移动互联网保险产品的购买手续简便快捷，容易达成交易并形成一定规模。另外，保险公司可以通过互联网实现全天候随时随地的服务，同时免去了代理人

和经纪人等中介环节，大大缩短了投保、承保、保费支付和保险金支付等进程的时间，提高了销售、管理和理赔的效率。

164 移动保险的发展前景

传统保险销售渠道主要由 3 个部分组成，由庞大的保险营销员团队组成的直销渠道、由保险代理和保险经纪人组成的专业代理渠道以及由银行和垂直行业组成的兼业代理渠道，如图 12-2 所示。

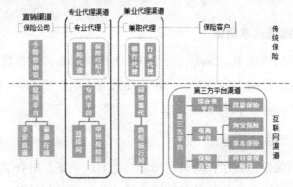

■ 图 12-2 传统保险渠道和互联网渠道展示

传统保险依靠人海战术，依托保险代理人线下各个击破，但成效有限。在移动互联网时代，风险产品通过微信、微博以及相关 APP 即可推广至用户手中，这大大降低了人力成本。据有关数据统计，通过互联网向客户出售产品或提供服务要比传统营销方式节省 58% ~ 71% 的费用。

现今，互联网保险销售渠道也在网络上百家争鸣。第一是由官网平台构成的直销渠道；第二是由专业代理平台，如中民保险网、慧择网构成的专业代理渠道；第三是由携程旅行网等组成的兼业代理渠道；第四是由综合类平台、第三方平台等组成的第三方平台渠道。

由于我国居民福利水平还远远不及发达国家，并且伴随着居民生活成本和压力的增加，未来居民对保险的意识会越来越强，商业保险仍将主导着市场大众消费人群。

无论是出于竞争力的增强，还是适应消费者网购习惯的定型，互联网渠道必将是"兵家必争之地"，而移动互联网保险保费收入仍将保持高速发展。与此同时，为了规范移动互联网保险市场的发展，切实保障投保人的利益，保监会也会适时颁布相应的政策文件。

总体来说，未来移动互联网保险会在监管下走向规范之路，各主体之间强强联手，市场集中度会进一步提高，手机移动终端购买保险的需求会越来越多。

165 手机下载保险产品客户端

手机购买保险是非常方便、快捷的，但首先得学会如何在手机上查询保险客户端，挑选适合自己的保险产品。本节将介绍如何使用手机一键查询保险APP。

（1）打开软件商店，输入"保险"，选择一个保险APP，此处点击"保险专家"按钮，如图 12-3 所示。

（2）显示"保险专家"的首页界面，可以看到软件推选的优秀保险员信息，提供更方便的网上服务，点击"机构"按钮，如图 12-4 所示。

（3）可以输入保险公司名称，方便查找，如图 12-5 所示。

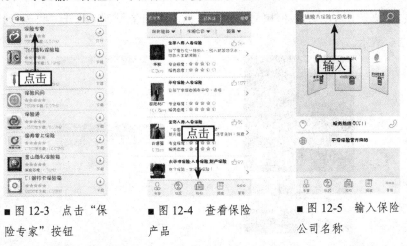

■ 图 12-3 点击"保险专家"按钮　　■ 图 12-4 查看保险产品　　■ 图 12-5 输入保险公司名称

移动保险服务系统的基本功能有很多，包括如下几种。

- 保险服务，在客户端可以实现对不同险种的具体条款的查询，输入相关的投保信息，实现移动过程中（如游客购买保险）保险的购买和生效。

- 保单查询，通过客户端平台向服务器查询保单的状态。其中，状态信息包括保单信息输入、查询结果输出等。

- 账户管理，用户可以通过移动终端设备客户端对用户的支付账户进行管理，包括账户余额查询、用户密码变动、账户充值等功能。
- 客户管理，在投保购买过程中避免重复输入数据。本地的客户信息管理包括客户查看、客户增加或删除、资料修改等功能。
- 保单管理，查询本地的保单数据。投保成功后，手机等客户端自动保存投保数据，除投保时用户输入的数据外，还包括该保单的具体信息，如投保时间、生效时间、保单号等。

166　移动保险平台——中国平安保险

中国平安保险股份有限公司于 1988 年创立于深圳蛇口，是中国第一家股份制保险企业，至今已经发展成为集保险、银行、投资等金融业务为一体的整合、紧密、多元的综合金融服务集团。本节将介绍如何使用"平安人寿"查询电子保单。

（1）打开平安人寿 APP，显示首页，点击"保单"按钮，如图 12-6 所示。

（2）查验保单，输入保单号、投保人姓名、出生日期，点击"查验"按钮，如图 12-7 所示。

■ 图 12-6　打开"平安人寿"首页　　　■ 图 12-7　点击"查验"按钮

中国平安保险是国内金融牌照最齐全、业务范围最广泛、控股关系最紧密的个人金融生活服务集团。平安集团旗下子公司包括平安寿险、平安产险、平安养老险、平安健康险、平安银行、平安证券、平安信托、平安大华基金等，涵盖金融业各个领域，已发展成为中国少数能为客户同时提供保险、银行及投资等全方位金融产品和服务的金融企业之一。

中国平安是中国金融保险业中第一家引入外资的企业，拥有完善的治理架构和国际化、专业化的管理团队。公司一直遵循对股东、客户、员工、社会和合作伙伴负责的企业使命和治理原则，在一致的战略、统一的品牌和文化基础上，确保集团整体朝着共同的目标前进。

通过建立完备的职能体系，清晰的发展战略，领先的全面风险管理体系，真实、准确、完整、及时、公平对等的信息披露制度，积极、热情、高效的投资者关系服务理念，为中国平安持续稳定地发展提供保障。

167　移动保险平台——中国人寿保险

中国人寿保险公司是国有特大型金融保险企业，总部设在北京，世界500强企业。1996年分设为中保人寿保险有限公司，2003年，经国务院同意、保监会批准，业务范围全面涵盖寿险、财产险、养老保险（企业年金）、资产管理、另类投资、海外业务、电子商务等多个领域，并通过资本运作参股了多家银行、证券公司等其他金融和非金融机构。本节将介绍如何使用手机购买中国人寿保险产品。

（1）打开中国人寿保险APP，点击"产品"按钮，如图12-8所示。

（2）选择保险产品，点击"加入购物车"按钮，如图12-9所示。

（3）选中产品，点击"结算"按钮，如图12-10所示。

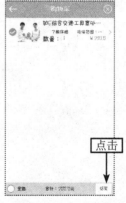

■ 图12-8　点击"产品"按钮

■ 图12-9　点击"加入购物车"按钮

■ 图12-10　点击"结算"按钮

中国人寿保险拥有寿险行业覆盖区域最广的机构网络和规模最大的分销队伍，共有遍布全国各省区市（台湾除外）、延伸至县乡的4800多家分支机构、1.5万多个营销网点、71.6万名个人代理人、1.26万名团险销售人员及9.4万多家分布在商业银行、邮局、信用社等的销售网点。

中国人寿保险通过遍布全国3000家客户服务单位以及先进的95519"一站式"客户服务电话，使客户一周7天都可享受咨询、查询、投诉、挂失登记、报案登记等服务。

168 移动保险平台——太平洋保险

中国太平洋保险公司，成立于1991年5月13日，是经中国人民银行批准设立的全国性股份制商业保险公司，简称"太保"。太保是中国大陆第二大财产保险公司，仅次于中国财险，也是第三大人寿保险公司，仅次于中国人寿和中国平安。

太保本身经营多元化保险服务，包括人寿保险、财产保险、再保险等。本节将介绍如何使用手机查看保险产品。

（1）打开太平洋保险APP首页界面，点击"人身意外保险"按钮，如图12-11所示。

■图12-11 打开"太平洋保险"首页

（2）点击"超值旅游险"按钮，如图 12-12 所示。

（3）查看保险产品详情，如图 12-13 所示。

■ 图 12-12　点击"超值旅游险"按钮　　■ 图 12-13　查看产品详情

　　中国太平洋保险旗下拥有产险、寿险、资产管理和养老保险等专业子公司，建立了覆盖全国的营销网络和多元化服务平台，拥有 5700 多个分支机构，7.4 万余名员工和 30 多万名产寿险营销员，为全国 5600 万个人客户和 330 万机构客户提供全方位风险保障解决方案、投资理财和资产管理服务。中国太平洋保险全国客户服务电话 95500 涵盖了保险咨询、查询、理赔报案、服务预约、急难救助以及投诉受理等服务。

169　移动保险平台——众安保险

　　众安保险由蚂蚁金服、腾讯、中国平安等发起设立，是国内首家互联网保险公司，其产品涵盖盗刷险、旅行险、健康险、意外险、团体险等产品种类。业务流程全程在线、3 步投保、无理由退保、便捷理赔。"众乐宝"是一款针对电子商务领域开发的互联网保险产品，作为众安保险的首个创新型产品，其面向对象为淘宝集市上的卖家，在定价、责任范围、理赔等方面进行了全方位的创新，具有鼓励小微企业创业支持的特征，同时移动互联网又给众乐宝带来了实时、便捷的优势，如图 12-14 所示。

■ 图 12-14　众乐宝首页

众安保险基于"服务互联网"的宗旨，为所有互联网经济参与者提供保障和服务。众安保险定位于为互联网经营者、参与者提供一系列风险解决方案，将会以保险为工具，为互联网管理风险、处理纠纷、改善用户体验，使消费更加顺畅。

众安保险业务涉及互联网的方方面面，目前重点包括 3 个方面：电子商务、移动支付和互联网金融。众安保险的主要特点如下。

（1）互联网基因：众安保险定位于服务互联网，拥有互联网"基因"的众安保险在管理互联网领域产生的新型风险具有先天优势。

（2）跨界融合：众安保险是国内首家互联网保险公司，拥有互联网行业、保险行业以及其他金融领域等多层次人员结构。

（3）全程在线：众安保险系统可以满足实时交互的需求并提供在线承保及理赔服务，并具有对大量数据的存储及处理能力。

170　移动保险平台——阳光保险

随着互联网的快速发展，手机移动互联网也得到了发展。大多数保险公司纷纷利用 APP 应用来推出创新的保险产品吸引手机用户。继泰康人寿在微信推出"求关爱"的保险产品之后，阳光保险在微信上推出了一款名为"摇钱术"的产品，即通过摇动手机可以获得理财高收益，如图 12-15 所示。

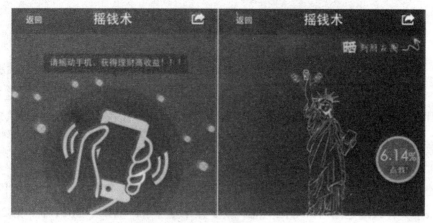

■ 图 12-15 打开"摇钱术"界面

"摇钱术"是阳光互联网金融精心打造的互联网金融创新产品。用户通过手机"摇"出不同的收益率，自主选定满意的收益率进行购买，真正做到"我的收益我做主"。"摇钱术"的亮点在于娱乐性，基于微信社交网络，较好地借鉴了微信摇一摇和微信红包在用户体验上的成功经验，体现了一定的创新能力。

技术提示

摇钱术的基础产品为"阳光人寿'理财一号'两全保险（万能型）"，预期年化收益率为 4.6%。用户摇出的收益率为 90 天的预期年化收益率（超出 4.6% 的部分将通过一次性现金奖励的方式兑现）。

例如小李摇出 90 天预期年化收益 6.14%，并成功投资 10000 元，获得现金奖励 37.97 元，现金奖励计算公式为 10000×（6.14%－4.6%）×90÷365 ＝ 37.97 元。

购买成功后，小李的账户价值立即变为 10037.97 元。购买 90 天后继续持有，则小李依旧享有 4.6% 的预期年化收益。

不难看出，摇钱术是一款附带了现金奖励的保险产品，真正可以锁定的收益率是保证利率加上现金奖励。

171 移动保险平台——生命人寿

生命人寿保险股份有限公司是一家国际化股份制专业寿险公司，经保监会批准，于 2001 年 12 月 28 日在上海成立。公司相继获得中国寿险行业十大最具影响力知名品牌、中国最具成长性保险公司、十大最值得信赖的寿险公司等荣誉，逐步确立了中国加入 WTO 后新兴寿险公司领军企业的地位。

微信圈里出现了一款由"生命人寿"发起的"宝贝存钱罐"保险，许多家长都经常刷屏"晒"这款存钱罐，分享孩子的成长故事，还向微信好友"讨红包"。

宝贝存钱罐是生命人寿推出的一款少儿年金保险产品，于 2014 年 8 月 25 日正式上市发布。宝贝存钱罐具备爱心账单、讨红包、好友排名等功能。

（1）在微信里打开宝贝的存钱罐，点击"先了解下"按钮，如图 12-16 所示。

（2）点击"马上使用"按钮，即可享受宝贝保险服务，如图 12-17 所示。

■ 图 12-16 点击"先了解下"按钮　　■ 图 12-17 点击"马上使用"按钮

宝贝存钱罐还特别设计了朋友圈的互动功能，父母可以在朋友圈中分享心情，也可邀朋友互动，还可以通过转发，为宝贝向好友讨要红包，还可以给好友的宝贝发红包。同时，可以在"小猪圈"功能中查看自己和好友的等级排名，你追我赶，其乐无穷。宝贝存钱罐满足了互联网用户的消费体验和需求，将碎片化的时间、地点、金钱、心情等随时随地叠加，不仅记录父母对孩子的关爱，也可以留存孩子成长过程的点滴记录。

（1）爱心账单：将碎片情感、碎片资金分门别类，以时间轴和饼状图的方式实时记录每一次存钱的时间、金额、场景，为每一笔投入做好记录，使一切了然于心。

（2）讨红包：用户只需给微信好友发送一个链接，即可为宝宝向好友讨红包，红包讨来后还可以发送宝宝照片给叔叔阿姨道谢，非常人性化。

（3）好友排名：宝贝存钱罐加入了类似游戏排名的功能，不同的"存钱"次数和金额对应不同的等级，用户可以实时查看微信好友的等级和排名。

172　移动保险平台——泰康人寿

泰康人寿保险股份有限公司系 1996 年 8 月 22 日经中国人民银行总行批准成立的全国性、股份制人寿保险公司，公司总部设在北京。泰康人寿建立了"三位一体"的风险管理体系，即以经济资本与价值风险管理为基础。

泰康人寿与腾讯微信合作推出了以"全民求爱"为主题的"微互助"保险。产品发布当夜即在微信朋友圈开启了"刷屏"模式，开启了互联网金融的新模式。

"微互助"极大地突破了传统保险的收费和承保方式，通过微信朋友圈本身就拥有的信任关系，建立起"传播→参与→扩散"的传播链条，使保险所蕴含的"爱"和"分享"精神在圈子中发挥到极致，将互联网思维融入到产品的每一个环节中，为行业互联网创新做了榜样。

在微信里打开"微互助"首页，如图 12-18 所示。

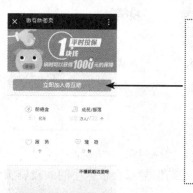

"微互助"是由泰康人寿推出的短期防癌健康险，每份保费 1 元。用户关注"泰康在线"的微信公众账号并购买"微互助"防癌险产品后，可以将支付成功后生成的"微互助"保单页面分享至微信朋友圈，而朋友圈的好友只需使用微信支付 1 元钱，便可将该保单的保额增加 1000 元。

■ 图 12-18　微互助首页

在互联网金融全面发展的环境下，泰康人寿启动了与各大互联网巨头的合作，如与淘宝深度合作推出专门针对卖家的乐业保，与咕咚网联合推出的"活力计划"，以及在微信上线的"微互助"。"微互助"之所以能够在微信朋友圈传播开来，主要是因为最大限度地贴近了移动互联网时代保险产品的社交化属性。

173 投连保险产品

投连保险产品全称为"投资连结保险"，又称"变额寿险"（以下简称"投连险"），是一种新形式的终身寿险产品，集保障和投资于一体，其保障方面主要体现在被保险人保险期间意外身故，会获取保险公司支付的身故保障金，同时通过投连附加险的形式也可以使用户获得重大疾病等其他方面的保障。投资方面是指保险公司使用投保人支付的保费进行投资，获得收益，如图 12-19 所示。

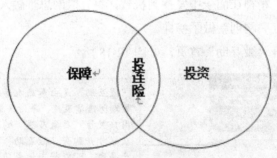

■ 图 12-19 投连险产品

投连险作为一种新型的险种，兼具了保障与投资的功能，这主要是通过投连险的账户设置实现的。一般而言，投资连结保险都会根据不同的投资策略和可能的风险程度开设 3 个账户：基金账户、发展账户和保证收益账户。投保人可以自行选择保险费在各个投资账户的分配比例，如图 12-20 所示。

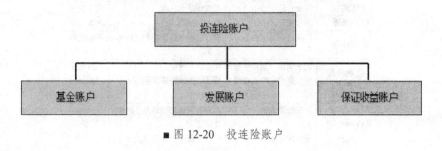

■ 图 12-20　投连险账户

　　如果想做短期投资收益，投连险不是一个很好的选择，由于投连险本身的账户设置以及其他市场因素的影响，投连险更适合有一定的收入盈余，同时能够承担风险的投资者。

174　分红保险产品

　　分红型保险指保险公司将其实际经营成果优于定价假设的盈余，按一定比例向保单持有人进行分配的人寿保险产品，简单地说就是投保人可以分享红利，享受保险公司的经营成果。

　　目前，分红型保险是保险理财产品中的佼佼者，产品种类也较为多样，例如，中国人寿推出的国寿金如意年金保险（分红型）、新华人寿推出的吉祥如意分红两全保险等。分红险的风险由保险公司与投保人共同承担，风险相对于投连险小很多，这也是它逐渐流行的原因之一。分红产品的主要分红办法有多种形式，如图 12-21 所示。

分红方式	美式分红（现金分红）	英式分红（保额分红）	法式分红
采用国家	美、日、中	英、澳大利亚、中	法、意
分红形式	现金分红	增加保额	利差返还
红利来源	两差或三差	多差（全部盈余）	利差
红利种类	年度红利	年度红利＋终了红利＋特殊红利	年度红利
红利分配形式	现金领取、累计生息抵交保费、交清增额	年度红利保额终了红利和特殊红利	保额与保费同比增加
红利分配比例	可分配盈余的70%以上未分配盈余不再分配	可分配盈余的70%以上产生年度红利未分配盈余的70%以上产生终了红利	
国内寿险公司	国寿、平安、友邦等多数公司	新华、信诚、太平	无

■ 图 12-21　分红详情

既然是分红型保险，必然涉及盈利分红的问题。分红保险的红利来源于寿险公司的"三差收益"，即死差异、利差异和费差异。红利的分配方法主要有现金红利法和增额红利法，两种盈余分配方法代表了不同的分配政策和红利理念。

　　购买分红型保险比较适合收入稳定的人士，对于有稳定收入来源、短期内又没有一大笔开销计划的家庭，买分红保险是一种较为合理的理财方式。收入不稳定，或者短期内预计有大笔开支的家庭要慎重选择分红型产品，分红保险的变现能力相对较差，若中途想要退保提现来应付不时之需，可能会连本金都难保。

175　万能保险产品

　　万能保险产品是指包含保险保障功能并设立有单独保单账户的人身保险产品。按合同约定，保险公司在扣除一定费用后，将保险费转入保单账户，并定期结算保单账户价值。

　　在投保万能保险之后，投保人可根据人生不同阶段的保障需求和财力状况调整保额、保费及缴费期，确定保障与投资的最佳比例，让有限的资金发挥最大的作用，这也是其"万能"之所在，万能险的特色如图 12-22 所示。

■ 图 12-22 万能险特色

万能保险是风险与保障并存，介于分红险与投连险间的一种投资型寿险。万能保险根据保障额度的不同，又可分为重保障型和重投资型两种产品。

1. 重保障型

重保障型的特点是保险金额高，前期扣费高，投资账户资金少，前期退保损失大。代表产品为中英人寿的金菠萝 B 款，保额为保费的 50 倍，同时首期扣费高达 65%，适合无其他风险保障但有一定投资风险承受意识和能力的中青年人，但要确保长期持有。

2. 重投资型

保险金额低，首期扣费少，投资账户资金较多，退保损失小，代表产品为太平洋安泰的财富人生，保额最高可达 500 万，首期扣费仅 5%，但因为采用自然费率，年轻人的风险保费很低，既可以做高保障，也可以起到代替储蓄的保值作用。再如新华人寿的得意理财，保额为保单价值的 110%，首期扣费仅为 75%，适合通过其他保险产品保障风险的理财保守型人士。

万能型保险产品一般是需要支付费用的，包括风险保费、保单初始费用、保单管理费、中途退保或部分领取的手续费等，尽管近期通过银行销售的万能型保险产品总体费用较低，但并非都是零费用。

176　旅游保险产品

　　旅游保险是针对出国旅行途中可能发生的各种意外所导致的一切意外死伤事故所做的保障，一般皆可获得保险公司理赔，特点是保障旅游安全，责任全面，保障高。

　　旅游保险主要产品有游客意外伤害保险、旅游人身意外伤害保险、住宿游客人身保险、旅游救助保险和旅游求援保险，其中前 3 种为基本保险。例如使用新一站旅游保险 APP，可时刻为自己旅游出行获得保障。使用方法为：点击"交通意外保障"按钮，如图 12-23 所示。选择"新一站'自驾游'保障精英计划"，如图 12-24 所示。点击"立即投保"按钮，如图 12-25 所示。

■ 图 12-23　选择交通意外保障

■ 图 12-24　选择保险计划

■ 图 12-25　点击"立即投保"按钮

　　（1）游客意外伤害保险。出门旅游，乘车坐船是少不了的。游客在购票时，实际上就投了该保险，其保费是按票价的 5% 计算的，每份保险的保险金额为两万元。

　　（2）旅游人身意外伤害保险。到景区旅游，体验惊险刺激的旅游项目之前，最好先选择自愿性的旅游人身意外伤害保险。保险公司开设的该险种，每份保险费为 1 元，保险金额为 1 万元，一次最多可投保 10 份。

　　（3）住宿游客人身保险。该保险每份保费为 1 元，从住宿之日零时算起，保险期限为 15 天，期满可以续保，一次可投多份。住宿游客保险金为 5000 元，住宿游客见义勇为保险金为 1 万元，游客随身物品遭到意外损毁或盗抢而获赔的补偿金为 200 元。

（4）旅游救助保险。该保险是国内各保险公司普遍开办的险种，由保险公司与国际 SOS 救援中心联合推出，游客无论在任何地方遭遇险情，都可以获得无偿救助。

177 汽车保险产品

车险是以机动车辆本身及其第三者责任等为保险标志的一种运输工具保险。其客户主要是拥有各种机动交通工具的法人团体和个人；其保险标志的，主要是各种类型的汽车，但也包括电车、电瓶车等专用车辆及摩托车等。机动车辆是指汽车、电车、电瓶车、摩托车、拖拉机、各种专用机械车和特种车。

在汽车高度普及的今天，交通事故防不胜防，需要自己强加警惕，同时也需要一份安全保障，手机可直接购买车险，例如，车险达人 APP 就是一款简单、使用便捷的车险软件，打开 APP 首页，如图 12-26 所示。继续翻页，可以显示理赔界面，如图 12-27 所示。

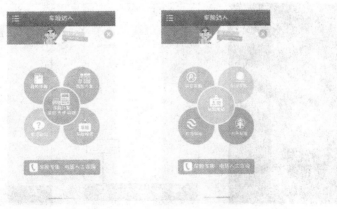

■ 图 12-26 打开 APP 首页　　■ 图 12-27 显示理赔界面

如今交通事故发生得比较频繁，为了保障出行安全，必须要对车辆购入相应的保险。

在办理车辆保险之前，必须办理车险过户手续，这是很多车主在购买旧机动车时都很关注的问题，却比较容易遗忘一个细节——很多车主忘记向原车主要车险保单，即便是有了车险的保单，很多的车主都认为这样就可以了，其实这很不正确。例如，一辆旧机动车原来保的是商业全险，所以对于新手来说最好上的是全险，有时车主会忽视这一问题，这是大错特错。这个车辆的保险不是新车主的，而是旧车主的，车辆保险没有办理过户手续，如果出现了交通意外，就不能够进行正常的赔付，可以说不能仅拿到保单就放心了，必须进行过户，否则将无法领取保险金。

178　养老保险

养老保险是国家和社会根据一定的法律和法规，为解决劳动者在达到国家规定的解除劳动义务的劳动年龄界限，或因年老丧失劳动能力，退出劳动岗位后的基本生活而建立的一种社会保险制度。

用手机可以很方便地查看养老保险产品以及快捷地办理保险业务，打开平安养老保险首页，如图 12-28 所示。点击"健康"按钮，如图 12-29 所示，即可预约挂号等，如图 12-30 所示。

■ 图 12-28　打开 APP 首页　　■ 图 12-29　点击"健康"按钮　　■ 图 12-30　预约挂号

养老保险是在法定范围内的老年人"完全"或"基本"退出社会劳动生活后才自动发生作用的。所谓"完全"，是以劳动者与生产资料的脱离为特征；所谓

"基本"，指的是参加生产活动已不成为主要社会生活内容，同时被保险人只有满足以下两个条件，即达到国家规定的退休条件并已办理相关手续；按规定缴纳基本养老保险费累计缴费年限满 15 年的，经劳动保障行政部门核准后的次月起，方可按月领取基本养老金及丧葬补助费等。

基本养老保险费由企业和被保险人按不同缴费比例共同缴纳。以北京市养老保险缴费比例为例，企业每月按照其缴费总基数的 20% 缴纳，职工按照本人工资的 8% 缴纳。其中，城镇个体工商户和灵活就业人员以本市上一年度职工月平均工资作为缴费基数，按照 20% 的比例缴纳基本养老保险费，其中 8% 计入个人账户。

179　重大疾病保险

重大疾病保险是指由保险公司经办的以患有特定重大疾病，如恶性肿瘤、心肌梗死、脑溢血等的病人为保险对象，当被保人患有上述疾病时，由保险公司对所花医疗费用给予适当补偿的商业保险行为。根据保费是否返还，可分为消费型重大疾病保险和返还型重大疾病保险。购买重大疾病保险是非常必要的。

本节将介绍如何使用手机购买重大疾病保险，以泰康在线为例，方法如下：

（1）打开泰康在线 APP，点击"保险商城"按钮，如图 12-31 所示。

（2）点击"e 生健康重大疾病险"按钮，如图 12-32 所示。

（3）点击"立即投保"按钮，享受重大疾病保险保障，如图 12-33 所示。

■ 图 12-31　打开 APP 首页　　■ 图 12-32　选择保险　　■ 图 12-33　点击"立即投保"按钮

购买了重大疾病保险，只要确诊的疾病符合保险条款中的保障对象，那么就可以一次性获得保险公司的给付，一方面不需要自己在病后垫付医疗费用，更重要的是减轻了个人的医疗支出负担。

例如，一个投保 20 万元的重大疾病保险，哪怕只缴费一年，只要罹患重疾后被确诊，都是按照投保额 20 万元进行理赔，而非按照已缴保险费进行理赔。假如年缴保费是 5000 元，第二年首次罹患重疾，得到 20 万元的理赔，那么这个 20 万就是所谓最大保障数字化的体现。

180   意外保险

意外保险即意外伤害保险，是指投保人向保险公司缴纳一定金额的保费，当被保险人在保险期限内遭受意外伤害，并以此为直接原因造成死亡或残疾时，保险公司按照保险合同的约定向被保险人或受益人支付一定数量保险金的保险。

而外出旅行或者乘坐交通工具时所购买的短期意外险，如航空意外险、公交车票中所含意外险等，一般只对旅行或乘坐特定交通工具途中发生的意外负责，对地震等特殊灾害是不负担责任的。

要选择好的意外保险产品，需要仔细比较，本节将介绍太平洋保险的意外保险产品，如图 12-34 所示。

■ 图 12-34　查看保险

一年期意外伤害保险费的计算一般按被保险人的职业分类而确定，对被保险人按职业分类一般称为划分工种档次。对不足一年的短期意外伤害保险费率计算，一般是按被保险人所从事活动的性质分类，分别确定保险费率。极短期意外伤害保险费的计收原则为：保险期不足1个月，按1个月计收，超过1个月不足2个月的，按2个月计收，以此类推。因为短期费率高于相应月份占全年12个月的比例，而对有一些保险期限在几星期、几天、几小时的极短期伤害保险来讲，保险费率往往更高。

181 支付宝手机碎屏险

智能手机改变了人们的生活方式，人们更加依赖手机了，如果一不小心手机屏幕被摔碎，修理的费用是很高的，但不用担心，手机屏幕也可以上保险，这让手机的使用更加有保障了。

本节将介绍如何使用手机来购买碎屏险，以用支付宝购买为例，打开余额宝APP，如图12-35所示。点击"我的保障"按钮，如图12-36所示。点击"手机碎屏险"按钮，如图12-37所示。点击"余额宝付款"按钮，如图12-38所示。点击"提交订单"按钮，如图12-39所示。

■ 图12-35 打开余额宝 APP

■ 图12-36 点击"我的保障"按钮

■ 图12-37 点击"手机碎屏险"按钮

■ 图 12-38 点击"余额宝付款"按钮

■ 图 12-39 点击"提交订单"按钮

182 保险理赔的注意事项

如今参加投保的客户越来越多，投保后一旦发生了不以人的意志为转移的灾害或事故，有些客户由于对保险索赔的基本要素存在认知误区，因而直接影响了自身的保险利益。保险理赔的流程也要明确，如图 12-40 所示。

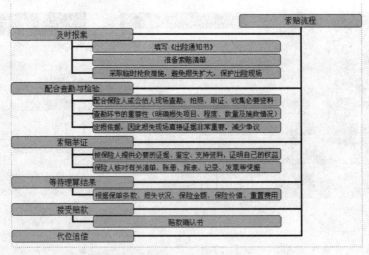

■ 图 12-40 保险理赔流程

1. 清楚保险责任

保险单是有效合同，具有法律约束力，保险单背面清楚地印着哪些灾害事故属于保险责任，哪些是除外责任。假如遭受的灾害事故属于保险责任，可以向保险公司索赔，不属于的则不能赔偿。

2. 了解投保险种

以机动车保险为例，除了车辆损失险、第三者责任险（包括交强险和商业三责险）和全车辆被盗抢险等基本险外，还有不计免赔险、玻璃单独破碎险、车主责任险、自燃险、划痕险、发动机进水险等一批附加险种。

3. 掌握保险约定

保险约定包括保险期限、保险责任、赔偿范围、保险金额与实际赔偿额的关系、地址变更后应办何手续、赔偿后找回的物品所有权归属等。只有真正明确这些内容，遇到灾害事故时才能更好地维护自身权益。

4. 明白赔偿手续

索赔必须严格遵守程序操作，按照规定履行必要手续，同时要提供相关的单证资料，环环相扣，缺一不可。入保的机动车辆发生事故后，车主应在第一时间向保险公司报案，拨打保险专线服务电话说明事故原委。

第 13 章

移动外汇投资——用手机以钱来赚钱

学前提示

随着网络终端的普及，利用手机客户端进行的各类投资活动也日渐增多。对于有意进行外汇投资的客户，用手机上网炒汇既可以方便快捷地参与投资，又能获得额外收入，可谓一举两得。

要点展示

外汇的概念

外汇的分类

GTS 软件下载及安装

外汇实战 4 大技巧

外汇风险管理

183 外汇的概念

外汇是以外币表示的用于国际结算的支付凭证。从通俗意义上来说，外汇指的是外国钞票，可是并不是所有的外国钞票都是严格意义上的外汇。外国钞票能否被称为外汇，首先要看它能否自由兑换，或者说这种钞票能否重新回流到它的国家，而且可以不受限制地存入该国的任意一家商业银行的普通账户中，并在需要时可以任意转账。

1. 静态的定义

外汇的静态概念指的是以外币表示的可用于国际结算的支付凭证，又分为狭义的外汇概念和广义的外汇概念。

狭义的外汇指的是以外国货币表示的为各国普遍接受的可用于国际间债权债务结算的各种支付手段。

它必须具备 3 个特点：可支付性（必须是以外国货币表示的资产）、可获得性（必须是在国外能够得到补偿的债权）和可换性（必须是可以自由兑换为其他支付手段的外币资产），三者关系密切，缺一不可，如图 13-1 所示。广义的外汇指的是一国拥有的一切以外币表示的资产。

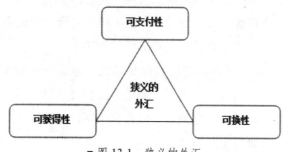

■ 图 13-1 狭义的外汇

2. 动态的定义

外汇的动态概念指的是货币在各国间的流动，以及把一个国家的货币兑换成另一个国家的货币，借以清偿国际间债权、债务关系的一种专门性的经营活动，是国际间汇兑的简称。注意，国际货币基金组织对外汇的解释为：外汇是货币行政当局（中央银行、货币机构、外汇平准基金和财政部）以银行存款、财政部库券、长短期政府证券等形式所保有的在国际收支逆差时可以使用的债权。

184 外汇的分类

1. 按照是否可自由兑换划分

（1）自由外汇，指无需外汇管理当局批准，可以自由兑换成其他国家货币或用于对第三国支付的外汇。换句话说，凡在国际经济领域可自由兑换、自由流动、自由转让的外币或外币支付手段，均称为自由外汇，例如，美元、英镑、日元、欧元、瑞士法郎等货币以及以这些货币表示的支票、汇票、股票、公债等都是自由外汇。

（2）记账外汇，又称为协定外汇或双边外汇，是指在两国政府间签订的支付协定项目中使用的外汇，不经货币发行国批准，不准自由兑换成他国货币，也不能对第三国进行支付。记账外汇只能根据协定在两国间使用，协定规定双方计价结算的货币可以是甲国货币，乙国货币或第三国货币；通过双方银行开立专门账户记载，年度终了时发生的顺差或逆差，通过友好协商解决，或是转入下一年度，或是用自由外汇或货物清偿。

2. 按照来源和用途不同划分

（1）贸易外汇，是指进出口贸易所收付的外汇，包括货物及相关的从属费用，如运费、保险费、宣传费、推销费用等。由于国际经济交往的主要内容就是国际贸易，贸易外汇是一个国家外汇的主要来源与用途。

（2）非贸易外汇，是指除进出口贸易和资本输出／输入以外的其他各方面所收付的外汇，包括劳务外汇、侨汇、捐赠外汇和援助外汇等。一般来说，非贸易外汇是一国外汇的次要来源与用途，但也有个别国家例外，如瑞士，非贸易外汇是其外汇的主要来源与主要用途。

3. 按照交割期限划分

（1）即期外汇，又称现汇，指外汇买卖成交后，在当日或在两个营业日内办理交割的外汇。所谓交割，是指本币的所有者与外币所有者互相交换其本币的所有权和外币的所有权的行为，即外汇买卖中的实际支付。

（2）远期外汇，又称期汇，指买卖双方不需即时交割，而仅仅签订一纸买卖合同，预定将来在某一时间（在两个营业日以后）进行交割的外汇。

185 汇率的概念

汇率，又称汇价，指一国货币以另一国货币表示的价格，或者说是两国货币间的比价。由于世界各国货币的名称不同，币值不一，所以一国货币对其他国家的货币要规定一个兑换率，即汇率，如图13-2所示。

货币对		银行							
		工商银行	光大银行	交通银行	农业银行	浦发银行	兴业银行	招商银行	中国银行
美元/人民币 参考价:614.720	中间价	--	614.67	--	614.85	614.70	614.75	614.84	614.62
	钞买价	608.70	608.52	608.59	608.70	608.55	608.60	608.69	608.65
	汇买价	613.62	613.44	613.38	613.62	613.47	613.52	613.61	613.57
	钞/汇卖价	616.08	615.89	615.83	616.08	615.93	615.98	616.07	616.03
日元/人民币 参考价:5.744	中间价	--	5.7424	--	5.7438	5.7424	5.7400	5.7446	5.7349
	钞买价	5.5609	5.5357	5.5407	5.5468	5.5414	5.5400	5.5407	5.5469
	汇买价	5.7246	5.7194	5.7234	5.7237	5.7200	5.7200	5.7216	5.7235
	钞/汇卖价	5.7648	5.7654	5.7636	5.7640	5.7648	5.7700	5.7676	5.7637
欧元/人民币 参考价:795.960	中间价	--	795.95	--	796.26	795.90	796.04	796.34	795.59
	钞买价	770.75	767.30	767.54	767.60	768.04	768.18	768.07	768.50
	汇买价	793.44	792.77	792.86	793.08	792.79	792.86	793.15	792.99
	钞/汇卖价	799.02	799.13	799.22	799.45	799.01	799.22	799.53	799.35

■ 图13-2 汇率一览表

在外汇市场上，汇率是以5位数字来显示的，如欧元 EUR 0.9705、日元 JPY 119.95、英镑 GBP 1.5237 等。

汇率的最小变化单位为一点，即最后一位数的一个数字变化，如欧元 EUR 0.0001、日元 JPY 0.01、英镑 GBP 0.0001 等。按国际惯例，通常用3个英文字母来表示货币的名称，以上中文名称后的英文即为该货币的英文代码。

汇率是国际贸易中最重要的调节杠杆，因为一个国家生产的商品都是按本国货币来计算成本的，要拿到国际市场上竞争，其商品成本一定会与汇率相关。汇率的高低也就直接影响该商品在国际市场上的成本和价格，直接影响商品的国际竞争力。

186 GTS 软件下载及安装

GTS 手机版可以让投资者随时随地参与到全球市场。投资者可以在自己的手机上监控头寸和下单，只要几秒钟时间即可安全地登录。同时导航界面简单易用，无论身在何处，投资者都可以访问自己的交易账户。

GTS 手机版的界面功能丰富、易于使用，投资者只要在移动设备上登录 GTS 手机版，即可跟踪自己关注的货币对、指数或商品，了解最新的全球市场消息和动向，同时监控自己的风险情况。

GTS 手机版经过优化，简化了屏幕显示的内容，实时更新报价和消息，不必手动刷新。此外，软件还提供货币对隐藏功能，使屏幕保持整洁，使投资者可以专注于对自己最重要的货币对或相关工具。

目前，GTS 手机版客户端分为 PDA 版、iPhone 版和 Android 版三种，下面仅以 Android 系统的应用为例，详解 GTS 手机版的应用。

投资者可以通过搜索引擎直接搜索"GTS 手机版"并下载软件，如图 13-3 所示，或是直接登录 IFX Markets 选择"GTS 手机版"，下载 GTS UK（英国版）手机客户端，如图 13-4 所示。

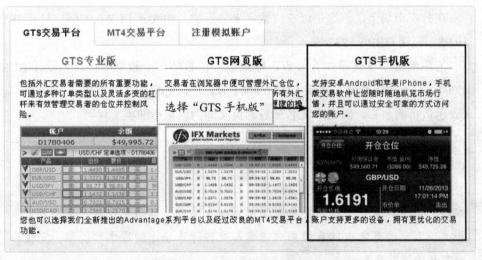

■ 图 13-3 选择"GTS 手机版"

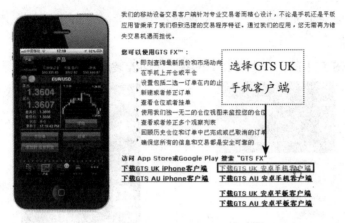

■ 图 13-4 下载 GTS UK（英国版）手机客户端

弹出下载界面，单击"下载"按钮，如图 13-5 所示。下载 GTS.apk 文件后，用户可以单击"安装到手机"按钮进行软件的安装，如图 13-6 所示。要特别提醒投资者的是：需要打开手机 USB 调适功能，才能成功安装 GTS 交易软件。

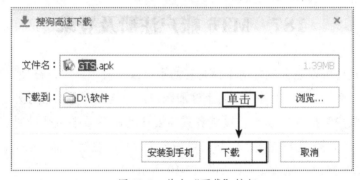

■ 图 13-5 单击"下载"按钮

■ 图 13-6 单击"安装到手机"按钮

手机界面会显示"是否要安装该应用程序",点击"安装"按钮,如图 13-7 所示。

最后 GTS 应用的图标出现在手机界面,即安装成功,如图 13-8 所示。

■ 图 13-7　点击"安装"按钮　　　　■ 图 13-8　安装成功

187　MT5 账户注册及登录

MT5 软件可以完全免费用于投资者的手机或平板电脑上,在使用 MT5 交易之前,投资者需要在 MT 外汇平台上注册账户,以连接服务器进行外汇交易。

MT5 账户注册非常简单,投资者只需要在初次登录手机软件时,选择"打开模拟账户",如图 13-9 所示,然后填写个人信息,包括名称、电话、邮箱等,即可配置模拟账户,完成注册,如图 13-10 所示。

■ 图 13-9　选择"打开模拟账户"　■ 图 13-10　填写个人信息并创建账户

在完成账户注册后，投资者即可使用注册的登录账号以及密码登录 MT5 软件。首先，投资者可以在"新账户"界面选择"用现有账户登录"，如图 13-11 所示，然后选择外汇服务器，在登录界面输入账户密码即可登录，如图 13-12 所示。

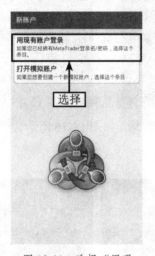

■ 图 13-11 选择"用现
有账户登录"

■ 图 13-12 选择外汇服
务器

显示"登录到一个账户"界面，输入登录账号和密码，如图 13-13 所示。出现行情界面，则表示登录成功，如图 13-14 所示。

■ 图 13-13 输入登录账
号和密码

■ 图 13-14 登录成功

188　FXCM 买卖交易使用方法

FXCM（福汇）是全球最大外汇交易商成员之一，主要为零售客户提供网上外汇交易服务。FXCM 手机平台是除了 GTS 和 MT5 之外，投资者十分青睐的外汇交易软件。本节主要介绍使用 FXCM 软件来进行外汇的买卖交易，方法如下。

1. 买进交易

首先，用户可以在软件主界面选择合适的交易品种，如图 13-15 所示。点击"买进"按钮，设置交易数量、限价和止损等信息，如图 13-16 所示。点击"提交"按钮，即可完成买进交易，如图 13-17 所示。

■ 图 13-15　选择交易品种

■ 图 13-16　设置交易信息

■ 图 13-17　提交确认

2. 卖出交易

与买进交易相同，用户首先可以在软件主界面选择合适的交易品种，如图 13-18 所示。

点击"卖出"按钮，设置交易数量、限价和止损等信息，如图 13-19 所示。点击"提交"按钮，即可完成买进交易，如图 13-20 所示。

■ 图 13-18 选择交易品种

■ 图 13-19 设置交易信息

■ 图 13-20 提交确认

189 外汇 APP——和讯外汇

　　和讯外汇是和讯网精心打造的一款为财经用户打造的市面上功能最全的手机外汇软件，集合丰富准确的路透外汇行情，实时专业的外汇新闻资讯，覆盖主流银行的人民币外汇牌价，全面及时的财经日历数据库，方便生活的货币兑换工具于一体，让用户尽情享受一站式体验。通过和讯外汇 APP 可以随时随地查看外汇行情，如图 13-21 所示，还可以查看牌价，如图 13-22 所示。此外，还设有财经日历模块，可以选择日期查看不同时间段的财经资讯，密切关注经济动态，如图 13-23 所示。

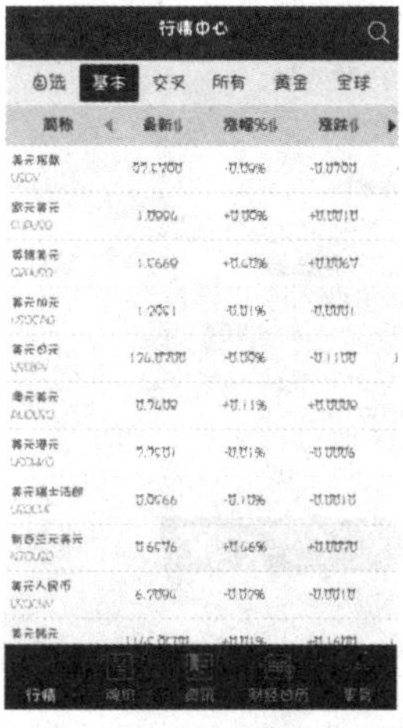

■ 图 13-21 查看外汇行情

■ 图 13-22 查看牌价

■ 图 13-23 财经日历

190　天金加银外汇行情软件

　　天金加银行情分析软件是一款集行情、分析、资讯及交易于一体的新一代行情分析终端，主界面如图 13-24 所示。软件不仅提供贵金属、外汇、原油、期货、股票等最快最准确的报价及国内外财经资讯，还提供各种特色指标，是用户身边最好的贵金属理财专家，其功能界面如图 13-25 所示。

■ 图 13-24　天金加银行情分析软件主界面

■ 图 13-25　功能界面

191 外汇实战 4 大技巧

任何的投资都是有法可依的，投资者要根据具体的投资进行总结和分析，以选择最适合的投资交易方法，外汇交易也是一样，投资者可以学习前辈们总结出的投资技巧，应用到自己的交易过程中，以避免出现投资失误。外汇实战有 4 大技巧，介绍如下。

1. 遵循交易纪律

外汇投资也有交易纪律，不遵守纪律的投资者很容易遭受损失。

（1）宏观纪律。出现连续 3 次亏损，则应强制自己休息一下，不盲目交易，分析发生亏损的原因，调整好心态再寻找机会入场；连续交易获利超过 50%，则强制休息一下；每日交易不要过于频繁；交易止损后，不在 3 小时内进行逆向交易。

（2）入场前纪律。寂静的时候不能进场；只做趋势明朗的币种，不做趋势不明朗的币种；做多的时候，只做强势币种，不做弱势币种；做空的时候，只做弱势币种，不做强势币种；任何交易都至少包含入场价、止损价、目标价和仓位控制这 4 个基本要素。

（3）入场后纪律。短线头寸盈利超过 30 点，则第一时间将止损提到成本价附近；执行同一时间级别的交易计划。例如，依据小时图所做的操作，不单独因为 30 分钟图出现的短线不良迹象而贸然改变计划；逆势单入场后，如果出现亏损，不因任何信号变更为中线头寸。出现短线逆势交易头寸时，尽量不要持仓过夜。

2. 掌握建仓原则

（1）顺势建仓原则。涨势从来不会因为涨幅太大而不能继续上涨，跌势也从来不会因为跌幅太大而停止继续下跌。趋势最大的特征就是延续性，顺势建仓是风险相对最小的建仓方式；任何时候都要谨慎入场，即便是顺势操作，同样要有依据地交易，且都要严格地控制风险；持仓，趋势没有改变信号，坚定持有信心；盈利，跟随趋势，不断提高止损，不预判高点，才能把握趋势的延续性。

（2）逆势建仓原则。逆势建仓时，特别忌讳贪便宜，任何情况下都不应因为跌幅已经特别大而作为建仓的理由。而且要注意，不做小级别的逆势交易。控制是逆势交易的第一要务，以防止出现难以弥补的损失；要适时放弃，反弹机会也总会出现，但很多反弹是不适合交易的：小级别反弹、无力度的反弹、第一波反弹，这些机会都是显著的大风险机会；趋势确认发生扭转之前，逆势交易一定要快进快出，不可恋战。

3. 严格资金管理

资金管理就是投资者在作交易时所持有的仓位占总资金的比例，不管盈利还是亏损，投资者的入场资金永远要保持在操作账户的15%以下。可以追加入场的资金，但前提是前面的订单有了一定的盈利，这种情况下，总的入场资金仍然不能超过账户资金的15%。

资金管理最好的方法，就是使交易资金常保持3倍于持有合约所需的保证金。为了遵循这个规则，必要时减少合约手数也无妨。这个规则可帮助用户避免用所有的交易资金来决定买卖，虽然有时会被迫提早平仓，但会因此避免更大的损失。

4. 坚持交易止损

在外汇交易中，止损的价值是有目共睹的，该如何判定止损应该在什么时候进行，设置为多少点合适呢？从大的方面来说，止损有两类方法，第一类是正规止损，第二类是辅助性止损。

（1）外汇交易正规止损的原则是当买入或持有的理由和条件消失了，这时即使处于亏损状态，也要立即卖出。正规止损方法完全根据当初买入的理由和条件而定，由于每个人每次买入的理由和条件千差万别，因此正规止损方法也不能一概而论。

（2）交易辅助性止损。辅助性止损包括最大亏损法、回撤止损等多种方法，如表13-1所示。

表 13-1　交易辅助性止损方法

止 损 方 法	名 称 解 释
最大亏损法	这是最简单的止损方法，当买入个汇的浮动亏损幅度达到某个百分点时进行止损，该百分点根据用户的风险偏好、外汇交易策略和操作周期而定。这个百分点一旦确定，就不可轻易改变，要坚决果断地执行

续表

止 损 方 法	名 称 解 释
回撤止损	如果买入之后价格先上升，达到一个相对高点后再下跌，那么可以设定从相对高点开始的下跌幅度为止损目标，这个幅度的具体数值也由个人情况而定，一般可以参照上面说的最大亏损法的百分点，另外还可以再加上下跌时间（即天数）的因素，例如，设定在3天内回撤下跌5%即进行止损
外汇交易横盘止损	将买入之后价格在一定幅度内横盘的时间设为止损目标，例如，可以设定买入后5天内上涨幅度未达到5%即进行止损。横盘止损一般要与最大亏损法同时使用，以全面控制风险
期望R乘数止损	R乘数就是收益除以初始风险
移动均线止损	短线、中线、长线投资者可分别用MA5、MA20、MA120移动均线作为止损点
外汇交易成本均线止损	成本均线比移动均线多考虑了成交量因素，总体来说效果一般更好一些。具体方法与移动均线基本相同。不过需要注意的是，均线永远是滞后的指标，不可对其期望过高，另外，在盘整阶段，要准备忍受均线的大量伪信号
布林通道止损	在上升趋势中，可以用布林通道中位线作为止损点，也可以用布林带宽缩小作为止损点
波动止损	这个方法比较复杂，也是外汇交易高手们经常用的，例如，用平均实际价格幅度的布林通道，或者上攻力度的移动平均等作为止损目标
K线组合止损	包括出现两阴夹一阳、阴后两阳阴的空头炮，或出现一阴断三线的断头铡刀，以及出现黄昏之星、穿头破脚、射击之星、双飞乌鸦、三只乌鸦挂树梢等典型见顶的K线组合等
切线支撑位止损	汇价有效跌破趋势线或击穿支撑线，可以作为止损点
江恩线止损	汇价有效击破江恩角度线1×1或2×1线，或者在时间—阻力网、时间—阻力弧的关键位置发生转折，可以作为止损点
外汇交易关键心理价位止损	关键心理价位有的是汇评和媒体合伙制造出来的，如某汇评人士说对某只汇票要注意什么价位，这句话在市场广为人知，那么这个价位就成了市场心理价位。另外，整数位、历史高低点、发行价、近期巨量大单出现的价位等都可能成为关键心理价位
筹码密集区止损	筹码密集区对汇价会产生很强的支撑或阻力作用，一个坚实的密集区被向下击穿后，往往会由原来的支撑区转化为阻力区
外汇交易筹码分布图上移止损	筹码分布图上移的原因一般主要是高位放量，如果上移形成新的密集峰，则风险往往很大，应及时止损或止赢出局

续表

止 损 方 法	名 称 解 释
SAR（抛物线）止损	在上升趋势中，特别是已有一定累积涨幅的热门外汇进入最后疯狂加速上升时，SAR 是一个不错的止损指标。不过在盘整阶段，SAR 基本失效，而盘整阶段一般占市场运行时间的一半以上
TWR（宝塔线）止损	宝塔线对于判断顶部的作用比较明显，一般在已有较大涨幅时出现三平顶或连续红柱，这时如果转绿，往往预示着下跌即将开始，应进行止损
CDP（逆势操作）止损	在熊市中后期进行超短线（T+1 或 T+2）操作时，可以将 CDP 的 NL 作为止损点
突变止损	突变即外汇交易价格发生突然的较大变化。对于止损来说，主要是防止开盘跳空和尾盘跳水。突变绝大多数是由重大外部因素引起的，所以建议上班族投资者尽量在上午 9:30 和下午 2:30 快速查看一下行情，或者与其他职业投资者约定有情况及时在第一时间通知，以避免突变带来的损失
基本面止损	当个汇的基本面发生了根本性转折，或者预期利好未能出现时，投资者应摒弃任何幻想，不计成本地杀出，夺路而逃，这时不能再看任何纯技术指标
外汇交易大盘止损	对于大盘走势的判断是操作个汇的前提。一般来说，大盘的系统性风险有一个逐渐累积的过程，当发现大盘已经处于高风险区，有较大的中线下跌可能时，应及时减仓，持有的个汇即使处于亏损状态也应考虑卖出

192　外汇买入 3 大技巧

1. 根据个人喜好选择固定的做单时间和货币种类

由于外汇市场一天 24 小时都可以进行交易，各国的时差导致了开盘时间的不同。有的人喜欢做亚洲盘（日本、中国、新加坡），有它的规律，变化幅度不大，只占整个外汇市场的 13%，也有的人喜欢做欧洲盘和美洲盘，伦敦和纽约交易量各占 21% 和 32%，亚洲接近收市时，伦敦、纽约陆续开市，所以这段时间的交投异常活跃。那应该如何把握做单时间呢？

下面以日本时区为例，总结日本时区最佳外汇交易 4 个时段的操作及注意事项。

（1）第一时段：早上（9:00 ～ 13:00）亚洲市场的清淡行情。

通常振幅：20 ～ 40 点（日元振幅略大，有把握选做日元）。

操作简述：9:00 ～ 13:00 一般是对前一天大涨后的回调（或大跌后的小反弹），下午欧洲开盘后有70%的可能与亚洲当天时段走势相反，若当天走势上涨，则这段时间多为小幅振荡的下跌，原因是亚洲市场的推动力量较小所致。一般振荡幅度在 20 ～ 40 点以内，没有明显方向，多为调整行情。

（2）第二时段：下午（15:00 ～ 19:00）欧洲上午市场中等振幅行情。

通常振幅：40 ～ 80 点（英镑振幅略大）。

操作简述：欧洲市场开始交易后资金就会增加，外汇市场是一个金钱堆积的市场，所以哪里的资金量大哪里就有行情，且此时段也会伴随着一些对欧洲货币有影响力的数据的公布，一般振荡幅度在 40 ～ 80 点左右。16:00 后英镑、瑞郎、欧元开始有较大波动，操作上，有把握做起落大的英镑，也可做相对平稳的欧元。

专家提醒

18:00 ～ 20:00 为欧洲午休及美国清晨前夕，行情较为清淡，是吃饭休息的时间，宜退出观望，因为美洲市场开市后，受美国 20:00 公布的一系列数据影响，走势有可能逆转。

（3）第三时段：晚上（21:00 ～ 01:00）美国上午盘大幅振荡行情。

通常振幅：50 ～ 120 点（美国每周有 2 ～ 3 天公布有影响力的数据，都会给汇市带来剧烈的上下波动）。

操作简述：21:00 前（或关键数据公布前），因为市场按预期的经济数据买卖，这时段走势通常是下午欧洲盘方向的延续，正常情况下，如果 60% ～ 70% 的预期符合其后公布的数据，十天中有六七天 21:00 后延续下午走势；但有 30% ～ 40% 的可能和欧洲早盘走势是反方向的，主要原因是受美国 21:00 ～ 24:00 间公布数据不及预期或与预期相反所致。这种和预期相符或不及预期的数据公布前后，带来非美币种剧烈上下波动，引发较大的行情，为短线操作的黄金时段。

（4）第四时段：深夜（01:00 ～ 03:00）为美国下午盘小幅修整行情。

通常振幅：20 ～ 40 点（对美国上午盘行情的技术调整）。

操作简述：此时段市场已在美洲早盘走出较大行情，但市场对数据的反应尚有余情或对前面过度情绪化的剧烈行情进行技术调整。

2. 适合自己性格的做单方式

（1）超短线：在数分钟或一小时以内的操作。

（2）短线：在数分钟、数小时以内的操作。

（3）中线：操作时间以天、星期为单位。

（4）长线：操作可长达数月、数年之久。

性急的投资者对短线情有独钟，见利就收，等不到一个趋势，只能抓到其中的一部分。而中、长线的投资者看准了一个趋势，以获大利为最终目的，所以，必须确立自己的立场，对号入座。

3. 永远设下止损位

永远坚持鳄鱼原则：假定一只鳄鱼咬住你的脚，它等待你的挣扎，如果你用手臂试图解救你的脚，则鳄鱼的嘴会同时咬住你的脚与手臂，越挣扎，便陷得越深。所以，万一鳄鱼咬住你的脚，务必记住，你唯一生存的机会便是牺牲一只脚，也就是说，当你知道自己犯错时，立即了结出场。

其实，不论是股市、汇市、期权交易，其交易技巧都是相似的。"止损"的重要意义只有少数人能彻悟，它就像一把锋利的刀，能使你鲜血淋淋，也能使你不伤元气地活下去。最初的损失往往就是最小的损失。

193 外汇卖出的 3 个时机

做出卖出决策的关键是汇价上升趋势的改变，只有当汇价的上升趋势即将或者已经改变时才是卖出的时机，而汇价在连续上涨之后仍然有可能继续上涨。

1. 明显出现下跌

如果汇价一直是以阳线为主且没有出现过大阴线，表明上升趋势还在继续，此时出现大阴线应该果断卖出，这样做也许会失去在最高价卖出的机会，但可以保证卖在次高价，例如，汇价从5元上涨到10元，出现大阴线后可以在9元卖出，如果想卖在最高价，会在汇价上涨到7元时就卖出了，绝不会等到10元。

2. 下跌后回升乏力

即使出现大阴线也不一定就是趋势的转换，关键在于研判大阴线后的回升力度。如果在下跌后的回升过程中，汇价仍然创出新高，上升趋势仍然有延续的可能，反之则要特别注意。

3. 成交量持续回落

汇价上涨的重要基础是成交量，需要较大的成交量才能托住汇价甚至推动其上涨，因此在大阴线之后的回升过程中成交量能否保持原来的量，成为上升趋势能否延续的关键。

根据上述要点并结合一些经典形态的判断，能够有更大的把握。例如，汇价在大阴线后的回升过程中成交量下降且未能突破前期高点，要警惕出现双顶形态。

> 专家提醒
>
> 如果大阴线后汇价再创新高，但高度有限且成交相对萎缩的形势，就要警惕出现头肩顶形态。但在进行经典形态的研判时一定要打提前量，否则等到形态完全出现，汇价已经有了较大的跌幅，会失去很多收益。

194　外汇风险管理

外汇风险管理是指外汇资产持有者通过风险识别、风险衡量、风险控制等方法，预防、规避、转移或消除外汇业务经营中的风险，从而减少或避免可能的经济损失，实现在一定风险下的收益最大化，如图13-26所示。

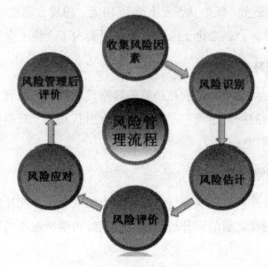

■ 图 13-26　风险管理流程

在外汇交易过程中，有些活动存在风险，但有的活动不存在外汇风险，因此需要投资者进行识别。简单地说，就是判断某项活动是否有风险，其风险包括哪些，可以从以下几方面着手。

1. 风险识别

（1）确定受险时间。汇率不是固定不变的，而是一个随时间推移而变化的量，外汇风险就是由时点上汇率的波动造成的，其影响必定与时间有关。

（2）分析风险原因。尽管外汇风险产生的原因在于未预料到的汇率波动，但外汇风险在具体情况下的表现形式却大相径庭。在分析风险产生的原因时，不能只考察汇率变动的直接影响，还要充分考虑其间接作用以及间接作用传递的机制、作用的要素和作用程度等。

（3）估计风险的后果。一般可以从定性和定量两个方面来估计风险产生的后果。定性估计主要是对外汇风险结果类型的经验判断；而定量估计是指采用一些数量的方法，对风险可能造成的结果进行估测并计量。

（4）不同的计量层次。外汇风险的计量分为估测受险头寸的大小、估计风险概率及分布、估测汇率变动对风险承担主体未来的直接影响 3 个层次。

（5）判断风险的类型。根据类型的特点和不同，分析并判断其类型。

2. 管理原则

在实际风险管理中，投资者除了需要了解以上风险管理技术外，还需要坚持以下管理原则，做好外汇风险管理，如图 13-27 所示。

保证宏观经济原则

在处理企业，部门的微观经济利益与国家整体的宏观利益的问题上，企业部门通常是尽可能减少或避免外汇风险损失，而转嫁到银行、保险公司甚至是国家财政上去。

分类防范原则

对于不同类型和不同传递机制的外汇汇率风险损失，应该采取不同的方法来分类防范，切忌生搬硬套。

稳妥防范原则

该原则从其实际运用来看，包括使风险消失、使风险转嫁、从风险中避损得利三方面。

■ 图 13-27 风险管理原则

3. 管理技术

一般情况下，风险管理技术主要包括风险控制、风险回避、风险隔离、风险转移、风险结合以及自我承担风险。

（1）风险控制。对于无法回避或转移的风险，最好通过各种手段来降低发生的可能性或减少风险所导致的损失，也就是实施风险控制。

（2）风险回避。风险回避是指通过隔断主体与风险来源的联系，即通过放弃所从事的风险事件或完全拒绝承担风险来达到完全消除风险的目的，但这不是一种积极的方法，企业的投资多少都会面临各种各样的风险。

（3）风险隔离。风险隔离是通过合理安排资源，使某个风险事件的发生不至于让主体所有资源都损失。风险隔离包括分期与重复两种技术，分期技术的基本思想就是采取投资组合，在空间上把风险隔离；而重复技术是把资源分为现用和备用两种，当现用资源发生异常情况时，在时间上把风险隔离。

（4）风险转移。风险转移是把风险转由其他主体来承担，自己不承担，其中最为典型的转移技术就是保险，向保险公司购买保险后，一旦企业遭受这类损失，保险公司按收保额度将给予相应的赔偿。此外，还有许多非保险技术，如转包合同、租赁合同和贷款担保等，都可以不同程度地转移风险。

（5）风险结合。风险结合是将风险集中起来，这里的"集中"不是将风险放大，而是通过对冲效应使风险化解。

（6）自我承担风险。自我承担风险是指由主体自己来承担风险带来的所有损失。由于风险不可能被完全转移或消除，有时主体就必须自己承担风险。

第 14 章

移动贵金属——在手机上运筹帷幄

学前提示

随着移动投资理财的多样化，移动贵金属投资也成了一种不错的理财方式，黄金和白银投资是最主要的。本章将介绍有关黄金和白银的相关投资方法。

要点展示

了解黄金投资的特点

查看黄金行情

黄金产品交易

查看白银行情

贵金属投资的风险

195 了解黄金投资的特点

黄金投资是指投入金钱后，以求将来获得金钱上的回报或者其他利益的一种行为。本节将介绍黄金投资的特点。

1. 金价波动大

根据国际黄金市场行情，按照国际惯例进行报价。因受国际上各种政治、经济因素以及各种突发事件的影响，金价经常处于剧烈的波动之中，因此可以利用差价进行黄金买卖。

2. 黄金投资风险小

黄金的保值增值功能主要体现在其世界货币地位、抵抗通货膨胀及政治动荡等方面。

黄金是一种没有地域及语言限制的国际公认货币。也许有人会对美元或港币感到陌生，但几乎没有人不认识黄金。世界各国都将黄金列为本国最重要的货币之一。

黄金代表着最真实的价值——购买力。即使最坚挺的货币也会因通货膨胀而贬值，但黄金却具有相对永恒的价值。因此，几乎所有的投资者都将黄金作为投资对象之一，借此抵御通货膨胀。因为黄金具有高度的流动性，在市场上自由地进行黄金交易时，其价格与其他财物资产的价格是背道而驰的。

黄金不仅能抵抗通货膨胀，还能对抗政治局势的不稳定。历史上许多国家在发生革命或政变之后，通常会对货币的价值重新评估，但不管发生了多么严重的经济危机或政治动荡，黄金的价值通常是不会降低的，反而会升高。

3. 与其他投资品种走势负向相关

在国际投资市场上，大量的投资资金总是在股票、外汇、商品期货、黄金之间流动不停。以外汇和黄金的关系为例，两者负向相关明显，例如，美元上涨则黄金价格下跌，反之，美元下降则黄金价格上涨，所以能起到风险抵冲的作用。

196 查看黄金行情

掌金宝 APP 由恒汇贵金属专家团队全力研发，是一款不错的专业的手机掌上贵金属行情分析软件，如图 14-1 所示，适用于电脑、手机以及平板电脑等各种平台，让用户在各种移动设备上运筹帷幄，彻底改变了只能依靠电脑来操作的封闭局面。

掌金宝 APP 提供贵金属、黄金、白银、外汇以及现货黄金白银价格，现货黄金白银价格走势图等市场行情，行情直通各大交易所，是一款及时、准确的贵金属报价软件，结合强大的财经资讯，消息建议的及时推送等全方位消息面解析实时行情。

掌金宝 APP 的"行情"界面包括贵金属、商品和财经日历 3 个板块。在"贵金属"界面中，用户可以查看各大黄金交易所的价格走势，并会实时更新，如图 14-2 所示。

展开"国际"选项，可以查看各类国际贵金属的价格，如图 14-3 所示。点击"现货黄金"按钮进入 K 线界面，如图 14-4 所示，可以查看现货黄金的行情走势。

■ 图 14-1 掌金宝 APP 主界面

■ 图 14-2 "贵金属"界面

■ 图 14-3 国际贵金属价格

■ 图 14-4 K 线

197　黄金产品交易

黄金有两种交易方式供选择：一是网上交易，直接用电脑或手机联网进入黄金实时交易系统，进行下单操作；二是电话交易，直接拨打所开账户的黄金交易公司的委托电话，进入黄金实时交易系统，进行下单操作。

通过掌金宝 APP，用户可以进行模拟交易，如图 14-5 所示。点击"建仓"按钮进入其界面，设置相应的交易类型、商品、手数以及买或卖，下面会显示买价、卖价以及所需保证金，如图 14-6 所示，点击"确定"按钮即可完成建仓交易。

■ 图 14-5　模拟交易　　　　　　■ 图 14-6　建仓

专家提醒

在建仓时，投资者可以把总资金分成 3 ~ 10 份，每隔一段价位建一次仓。可以每隔 1 元或 0.5 元建仓一次，这样可以很灵活地利用金价的波动高抛低吸，每天都有利润进账。

198　了解白银投资的特点

白银作为一种新型投资渠道，自出现以来，就以低门槛、升值空间较大等特点受到投资者的青睐。白银投资的具体特点如下。

（1）银价波动大：根据国际白银市场行情，按照国际惯例进行报价。因受国际上各种政治、经济因素，如美元、石油、央行储备、战争风险，以及各种突发事件的影响，银价经常处于剧烈的波动之中。可以利用差价进行实盘白银买卖。

（2）交易服务时间长：每天为 19.5 小时交易（20:00～次日 15:30）。

（3）资金结算时间短：当日可进行多次开仓平仓（类似权证），提供更多投资机遇。

（4）操作简单：有无基础均可，即看即会；比炒股更简单，不需要考虑类似选股等问题，分析判断相对简单，与美元，原油走势紧密相关。全世界都在炒这种白银，每天交易大约 3 万亿美元。一般庄家无法"兴风作浪"，在这个市场靠的只有自己的技术。

（5）赚的多：双向交易，真正的上涨下跌都赚钱。

（6）趋势好：炒白银在国内才刚刚兴起，股票、房地产、外汇等在刚开始时都是赚钱的，白银也不例外，而且双向更灵活。

（7）保值强：白银从古至今都是最佳保值产品之一，升值潜力大；现在世界上通货膨胀加剧，将推进白银增值。

199　查看白银行情

银天下 APP 是一款强大的专注于黄金、白银、贵金属领域的行情分析软件，如图 14-7 所示，基于独家拥有的云量大数据，分析全球各大黄金、白银、贵金属交易行情信息，帮助用户实时监控盘中走势，真正致力于为用户盈利而服务。进入"行情"界面后，可以查看各类白银理财产品的价格，如图 14-8 所示。

■ 图 14-7　银天下 APP 主界面　　■ 图 14-8　"行情"界面

白银投资信息搜索渠道与股市信息搜集渠道基本一致，如相关部门、报纸、杂志、互联网、手机APP、电视和电台等都是白银投资信息的来源渠道。金融从业者和经纪人对市场的观点对于投资者来说也是十分重要的信息，但现在金融公司的从业人员技术水平也是良莠不齐，利用此种方法来散布假消息的也大有人在，投资者利用这些信息时，也应该小心、谨慎，学会辨别消息真伪。

　　点击相应的白银理财产品进入详情界面，可以通过分时、两日、日、周、月等K线周期查看白银的价格波动，如图14-9所示。白银投资的风险源自其价格的波动，但价格的上下波动是市场行情的客观反映，因此，投资者必须有一个稳定的心态来面对市场潜在的风险，必须遵循相应的入市原则，才能有效地规避市场的风险。

■ 图14-9　查看白银行情

200　白银投资策略

　　银行界专家指出，如果市民希望自己的资产增加一定的安全性，可以选择白银投资。银市行情的疯狂增长，让不少未涉足该领域的投资者蠢蠢欲动，因此，

在投资白银时，需要掌握白银的投资技巧，以获得更大的盈利机会。下面将介绍
5 种炒银的策略。

1．关心时政

国际银价与国际时政密切相关，例如，美伊危机、朝鲜核问题、恐怖主义等
造成的恐慌、国际原油价格的涨跌、各国中央银行白银储备政策的变动等。因此，
新手炒白银一定要多了解一些影响银价的政治因素、经济因素、市场因素等，进
而相对准确地分析银价走势，只有把握大势，才能把握盈利时机。

2．选准时机

每年的感恩节、圣诞节和中国的农历春节等时节都是白银需求的旺季，因此，
在过节或年底之前，银价都会有一定的上涨空间。

3．分批介入

全仓进入风险往往很大，市场是变幻莫测的，即使有再准确的判断力也容易
出错。新手由于缺乏经验，刚开始时投入资金不宜过大，应先积累一些经验。如
果是炒"纸白银"，建议投资者采取短期小额交易的方式分批介入，每次卖出买
进 100 克，只要有一点利差就出手，这种方法虽然有些保守，却很适合新手操作。

4．止损止盈

股市有风险，炒银也一样，因此投资者每次交易前都必须设定好止损点和止
盈点。当投资者频频获利时，千万不要大意，不要让亏损发生在原已获利的仓位
上。面对市场突如其来的反转走势，宁可平仓没有获利，也不要让原已获利的仓
位变成亏损。不要让风险超过原已设定的可容忍范围，一旦损失已至原设定的限
度，千万不要犹豫，该平仓就平仓，一定要学会控制风险。

5．选购白银藏品

白银原料价格随市场波动，白银藏品的投资价值不断攀升，因为白银藏品不
仅具有白银本身的价值，而且具有文化价值、纪念价值和收藏价值，所以对新手
而言，白银藏品的投资比较适合。

201　贵金属投资的风险

每种投资都存在或多或少的风险，贵金属投资也不例外，其风险如下。

1. 政策风险

由于国家法律、法规、政策的变化，紧急措施的出台，相关监管部门监管措施的实施，交易所交易规则的修改等原因，均可能会对贵金属投资产生影响，投资者必须承担由此导致的损失。

2. 价格波动的风险

贵金属作为一种特殊的具有投资价值的商品，其价格受多种因素的影响，如国际经济形势、美元汇率、相关市场走势、政治局势、原油价格等，这些因素对贵金属价格的影响机制非常复杂，投资者在实际操作中难以全面把握，因而存在出现投资失误的可能性，如果不能有效控制风险，则可能遭受较大的损失，投资者必须独自承担由此导致的一切损失。

3. 技术风险

贵金属投资业务通过电子通信技术和互联网技术来实现。有关通信服务及软、硬件服务由不同的供应商提供，可能会存在品质和稳定性方面的风险；交易所及其会员不能控制电讯信号的强弱，也不能保证交易客户端的设备配置或连接的稳定性以及互联网传播和接收的实时性，故由以上通信或网络故障导致的某些服务中断或延时可能会对投资者的投资产生影响。

4. 交易风险

（1）投资者需要了解交易所的贵金属现货延期交收交易业务具有低保证金和高杠杆比例的投资特点，可能导致快速的盈利或亏损。若建仓的方向与行情的波动相反，会造成较大的亏损，根据亏损的程度，投资者必须有条件满足随时追加保证金的要求，否则其持仓将会被强行平仓，投资者必须承担由此造成的全部损失。

（2）交易所以伦敦贵金属现货市场价格为基础，综合国内贵金属市场价格及中国人民银行人民币兑美元基准汇率，连续报出交易所贵金属现货的人民币中间指导价，该价格可能会与其他途径的报价存在细微的差距，交易所并不能保证其交易价格与其他市场保持完全一致。

（3）投资者在交易所的交易系统内，通过网上终端所提交的市价单一经成交，即不可撤销，投资者必须接受这种方式可能带来的风险。

5. 不可抗力风险

任何因交易所不能够控制的原因，包括地震、水灾、火灾、暴动、罢工、战争、政府管制、国际或国内的禁止或限制以及停电、技术故障、电子故障等其他无法预测和防范的不可抗力事件，都有可能会对投资者的交易产生影响，投资者应该充分了解并承担由此造成的全部损失。

MOBILE
MONEY
HANDBOOK

第 15 章

移动电商——手机就是店铺

学前提示

近年来，使用手机开店的人越来越多，因为手机开店可以做到随时随地处理客户的订单，满足客户的需求，从而增加店铺的竞争力。本章将重点介绍如何用手机开微店，将手机变成店铺。

要点展示

微店的概念
手机开店的优势
下载与安装微店 APP
用微信收款
微店商品营销技巧

202 微店的概念

微店是针对消费者的购物软件。2014 年，微店悄然兴起，成了淘宝和阿里巴巴等各大网络商铺密切关注的对象，在淘宝和阿里巴巴垄断市场的激烈竞争中，微店生存了下来，并且有越来越多的用户加入，来势之凶猛，前途之宽广不可小觑。

微信的店主不再以平台为中心，而是下载手机 APP 客户端，通过微博、微信这样的沟通渠道直接联系到客户，从而带来销量。微店作为移动端的新型产物，任何人通过手机号码即可开通自己的店铺，并通过一键分享到 SNS 平台来宣传自己的店铺并促成交易。微店降低了开店的门槛，减少了手续，回款快，而且不收任何费用。

203 手机开店的优势

手机开店，好处多多，主要有以下几个突出的优势。

1. 投资少，回收快

（1）从启动资金来看，传统店铺的门面租金加装修费，还有首批进货资金，至少需要几万元，而手机开店所需的启动资金却少得多，只要有一部可以上网的手机就可开店营业，不用为增加营业面积而增加租金，也不用为延长营业时间而增加额外的费用。

（2）从流动资金来看，传统商店的进货资金少则几千元，多则数万元，而网上商店则不需要积压资金，完全可以在有订单的情况下再去进货。

（3）网上商店进退自如，没有包袱。传统商店当商家不想继续经营时，得先把原来积压的货物处理掉才行，而网上商店因为不需要存货，也就没有这个包袱，随时都可以更换品种，或者改行做别的生意，启动资金少，经营成本低，特别适合小商店和个人在网上创业。

2. 销售时间不受限制

网上商店无限延长了营业时间，一天 24 小时、一年 365 天不停地运作，无论刮风下雨，无论白天晚上，无需专人看店，均可照常营业。

3. 销售地点不受限制

网上商店不受店面空间的限制，即使只是街边小店，在网上同样可以拥有百货大楼似的店面，摆上多种商品。

4. 网上商店人气旺

网上人来人往，浏览量巨大，商品有特色，经营得法，每天将给卖家带来成千上万的客流量，大大增加收入。

204 下载与安装微店 APP

商家如果要使用手机开微店，无论是管理店铺，还是进行交易，都需要下载相对应的手机 APP。本节主要介绍下载与注册微店的方法，帮助商家做好开微店的准备工作。具体步骤如下所示。

（1）打开手机应用商店，搜索微店 APP，点击"下载"按钮，如图 15-1 所示。

（2）下载后，界面显示下载进度，如图 15-2 所示。

■ 图 15-1 点击"下载"按钮

■ 图 15-2 显示下载进度

（3）下载完毕后，系统自动安装，如图 15-3 所示。

（4）找到手机界面的微店 APP，即安装成功，如图 15-4 所示。

■ 图 15-3 自动安装

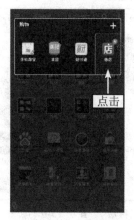

■ 图 15-4 安装成功

用户下载微店 APP 还有其他几种方式：

（1）利用扫描官网二维码进行下载。

（2）直接用电脑下载手机软件，然后传输到手机中，直接安装。

205 微店 APP 的注册与登录

使用手机客户端注册比较方便，用户下载微店的手机客户端后，即可开始自助注册，其具体步骤如下：

（1）在手机上的应用程序菜单中点击"微店"图标，打开微店应用，如图 15-5 所示。

（2）点击"开始体验"按钮，进入相应界面，显示微店 APP 的主要功能，点击"注册"按钮，如图 15-6 所示。

（3）执行操作后，进入"注册"界面，输入自己的手机号即可，如图 15-7 所示。

（4）点击"下一步"按钮，弹出"确认手机号码"对话框，点击"好"按钮，如图 15-8 所示。

■ 图 15-5　打开微店 　■ 图 15-6　点击"注 　■ 图 15-7　输入手机号 　■ 图 15-8　确认手机
应用 　　　　　　　　　册"按钮 　　　　　　　　　　　　　　　　　号码

（5）执行操作后，进入"请填写验证码"界面，手机将会收到一条验证短信，输入短信中提供的验证码，如图 15-9 所示。

（6）点击"下一步"按钮，进入"设置密码"界面，输入相应的密码，如图 15-10 所示。

■ 图 15-9　填写验证码 　　　　　　　　■ 图 15-10　设置密码

（7）点击"下一步"按钮，进入"填写个人资料"界面，填写相应的真实姓名和身份证号，如图 15-11 所示。

（8）点击"下一步"按钮，进入"创建店铺"界面，设置相应的店铺名称和图标，如图 15-12 所示。点击"完成"按钮即可完成微店注册操作。

■ 图 15-11　填写个人资料　　　　■ 图 15-12　"创建店铺"界面

登录微店 APP 的主要操作步骤如下。

（1）在手机上的应用程序菜单中点击"微店"图标，打开微店应用，点击"登录"按钮，如图 15-13 所示。

（2）执行操作后，输入注册时填写的手机号和密码，如图 15-14 所示。

■ 图 15-13　点击"登录"按钮　　　■ 图 15-14　输入相应信息

（3）点击"完成"按钮，即可进入微店 APP 主界面，如图 15-15 所示。

（4）右滑可以看到"促销管理""我要推广""卖家市场"按钮，如图 15-16 所示。

■ 图 15-15 微店 APP 主界面

■ 图 15-16 右滑界面

206 手机设置店铺名称

随着商品经济的日益繁荣，越来越多的人开始加入开设微店的行列。同样，由于格调和品位的不同，为自己店铺取名的风格也会不同，一个别出心裁、新颖独特的店名有助于店铺经营，当然，也可以根据出售的商品给自己的微店取名，或者把自己的名字、笔名、昵称等和出售的商品结合起来给店铺命名。

下面介绍修改店铺名称的操作方法。

（1）在微店 APP 主界面点击"我的微店"按钮，进入"我的微店"界面，点击"编辑"按钮，如图 15-17 所示。

（2）执行操作后，进入"编辑店铺"界面，点击"店铺名称"文本框，弹出输入法键盘，如图 15-18 所示。

■ 图 15-17 点击"编辑"按钮

■ 图 15-18 弹出输入法键盘

（3）点击 ⊗ 按钮删除原来的名称，如图 15-19 所示。

（4）点击键盘上的相应按钮，输入新的微店名称，如图 15-20 所示。

（5）点击"完成"按钮，即可修改微店名称，如图 15-21 所示。

■ 图 15-19　删除原　　　■ 图 15-20　输入新的　　　■ 图 15-21　修改微

来的名称　　　　　　　　微店名称　　　　　　　　　店名称

207　设置店铺图标

店铺图标可作为一个店铺的形象参考，给人的感觉是最直观的，可以代表店铺的风格、店主的品位、产品的特性，也可起到宣传的作用。

在微店 APP 中，店铺图标可以现场拍摄，也可以从手机相册中选择。下面介绍设置店铺图标的操作方法。

（1）进入"编辑店铺"界面，点击上方的🏪图标，如图 15-22 所示。

（2）执行操作后，进入"选择图片"界面，点击"所有图片"按钮，如图 15-23 所示。

■ 图 15-22　点击相应图标　　■ 图 15-23　"选择图片"界面

（3）执行操作后，在弹出的菜单中选择相应文件夹，如图 15-24 所示。

（4）执行操作后，即可显示该文件夹中的所有图片，如图 15-25 所示。

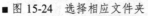

■ 图 15-24　选择相应文件夹　　　　■ 图 15-25　显示相应图片

（5）点击要作为微店图标的图片，进入图片编辑界面，如图 15-26 所示。

（6）使用手指按住黄色边框并拖曳，调整边框大小，如图 15-27 所示。

■ 图 15-26　图片编辑界面　　　　■ 图 15-27　调整边框大小

（7）调整至合适位置后松开手指，确认店铺图标的范围，点击"保存"按钮，如图 15-28 所示。

（8）返回"编辑店铺"界面，可以预览图标效果，如图 15-29 所示。

（9）点击"完成"按钮，即可完成设置店铺图标的操作，如图 15-30 所示。

■ 图 15-28 确认店
铺图标的范围

■ 图 15-29 预览图表
效果

■ 图 15-30 设置店铺
图标

208　手机设置微信号

在"我的微店"|"编辑店铺"界面中，可以填写私人微信号，如图 15-31 所示。微店和微信虽然没有什么关系，用户并不需要为此注册一个微信号或者微信公众账号，但是对于一个优秀的微店来说，微信是必不可少的宣传和沟通工具，买家就是通过卖家在微店店铺里设置的微信号来沟通的，如图 15-32 所示，因此卖家最好设置一个微信号。

■ 图 15-31 填写微信号

■ 图 15-32 在店铺中显示微信号

兼具各方优势的微信日益为大众所接受和喜爱，成为时下最流行的交流工具，其在微店营销中的主要优势如下。

1. 精准性

微信的精准性主要体现在以下两个方面：

（1）精准的地理定向。卖家在和买家聊短信时，无法确定对方具体在什么地方，距离自己有多远。而微信就不同，它所具备的 LBS 定位功能，能让卖家知道和自己聊天的对象处在什么地方，信息具有相对的透明度。

（2）精准的人群定向。手机短信的适用范围大多是在熟人圈，如果是和一个陌生的号码聊短信（很少出现这种情况），用户对对方是一无所知的。而微信虽然也是主要方便好友互联，但是"查看附近的人""发现"，甚至是头像与个性签名等功能，还是能帮助用户获取一定的信息。

2. 信息量

根据我国现有的法制规定，短信营销是犯法的，换言之，如果有商家想借助短信这个平台进行商品推销，不仅收不到预料的效果，还违反了我国的法规。与此形成鲜明对比的是，微信营销已经掀起了一股热潮，微信不仅仅是一个简单的公流平台，而且日渐演变为一个公众平台，信息传递高速、畅通，信息量也较大。

3. 互动性

手机短信能交换信息，但用户不可能在同一时间和几个人交流，微信却轻松地解决了这个问题。值得一提的是，微信能利用 O2O 模式，将线上和线下互动打通，使卖家可以更紧密地和买家交流，如图 15-33 所示，微信扮演着一个交流大平台的角色，增强了互动性。

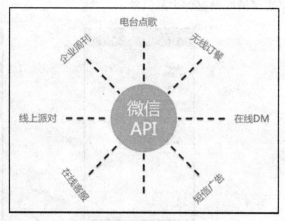

■ 图 15-33　微信互动平台

4. 免费使用

手机短信是需要收取费用的，如果用户要添加图片、视频等，收费也随之增加，而微信就不同了，不管是发送文字、图片还是视频，完全不收取费用，只需要耗费一定流量。

209 添加微信商品

在手机上开微店，最重要的是要掌握大多数用户上网时间的高峰期，尽可能多地让商品在这个时间段上架。做好这些细节，能为店铺带来更大的流量，为商品赢得更有利的推荐机会。

添加微店商品的具体操作方法如下。

（1）登录微店后，进入"我的微店"界面，点击右上角的"添加"按钮，如图15-34所示。

（2）执行操作后，进入"添加商品"界面，即可开始填写商品信息，如图15-35所示。

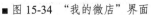

■ 图15-34 "我的微店"界面　　■ 图15-35 "添加商品"界面

（3）点击"+"按钮即可上传商品图片，可以使用手机相机拍照上传，也可以从手机相册里选择，如图15-36所示。

（4）在图片上直接点击，即可选择相应图片，最多可以上传9张图片，如图15-37所示。

■ 图 15-36　"选择图片"界面

■ 图 15-37　选择相应图片

（5）点击"完成"按钮，长按图片并拖曳可以调整图片顺序，如图 15-38 所示。

（6）点击黑色区域，即可完成图片上传的操作，第一张图片是主图，会直接显示在卖家的店铺里，如图 15-39 所示。

■ 图 15-38　调整图片顺序

■ 图 15-39　上传图片

（7）输入商品描述，微店的商品描述不分商品标题、商品参数、商品详情等，而是直接显示一个文本框，可以填写大量的文字，如图 15-40 所示。需要注意的是，商品描述的前 20 个字非常重要，因为这些字和主图会在微店首页直接显示。

（8）接下来输入商品价格，可以具体到分，如图 15-41 所示。

■ 图 15-40　输入商品描述　　　　■ 图 15-41　输入商品价格

（9）设置商品库存，建议卖家设置的库存数量要比实际的库存多一两件，如图15-42所示。例如，卖家某个商品实际只有1件，就可以设置为2件甚至3件，因为买家只要提交订单，哪怕没有付款，库存也会相应减少，会影响其他买家的购买。

（10）最后添加商品型号，点击"添加型号"按钮即可展开相应列表框，分别输入型号、价格、库存等参数，如图15-43所示。对于不同型号但价格相同的商品，不建议卖家使用这个功能。如果一种商品有不同的型号且价格不一样，可以将每个型号单独作为一个商品上传到自己的微店店铺，因为让买家在微店中选型号也是一件比较麻烦的事情。

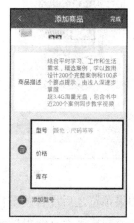

■ 图 15-42　设置商品库存　　　　■ 图 15-43　添加商品型号

（11）设置完成后，点击右上角的"完成"按钮，进入"添加成功"界面，提示商品添加成功，如图 15-44 所示。

（12）点击"更多"按钮，进入"选择标签"界面，可以设置商品的标签类别，如图 15-45 所示。

■ 图 15-44 添加成功　　　　　■ 图 15-45 选择标签

（13）点击"预览"按钮，即可预览商品详情，如图 15-46 所示。

■ 图 15-46 预览商品详情

（14）如果预览之后没有发现什么问题，点击"返回"按钮 即可；如果发现有问题，则返回后点击"编辑"按钮，对商品进行编辑，如图 15-47 所示。

■ 图 15-47　对商品进行编辑

210　手机设置微店公告

微店的店铺公告是店铺介绍的重点所在，也是使顾客了解并信任自己店铺的窗口，写好店铺公告很关键，因为店铺公告的区域空间有限，所以一定要言简意赅，最好能一针见血，第一时间吸引顾客。

在微店 APP 中，店铺公告大概可以写 50 个字，如图 15-48 所示，可利用这个区域介绍店铺、对商品和售后服务做一些承诺。设置完成后，即可在"预览店铺"界面中查看店铺公告，如图 15-49 所示。

■ 图 15-48　设置店铺公告　　　　■ 图 15-49　查看店铺公告

常见的店铺公告有以下几种。

（1）店铺公告一：我是新卖家，别的不敢说，货的质量请放心，绝对推荐给大家物美价廉的好东西。

（2）店铺公告二：大家好，欢迎大家光临××店铺，很高兴认识各位朋友噢，因为喜欢所以努力，希望大家多多捧场。

（3）店铺公告三：我店产品全部来自正规渠道，以最直接有效的方式送达最终端消费者手里，避免了中间过多的流通环节，并且本店一直是以薄利多销为原则，在有合理利润的基础下尽最大可能让利给大家，所以才会比专柜便宜许多。

商家也可以参照别人的书写格式，看看一些好的店铺或者卖家都是怎么写的，或者收集一些实体店的店铺介绍，再结合自己的情况，写出适合自己的淘宝店铺介绍。好的淘宝店铺介绍虽然起不到非常大的作用，但也能给店铺加分，所以花一点时间认真写好微店的店铺介绍也是值得的。

211 微店客户管理

在管理微店的过程中，经常需要根据订单发货、管理客户等，本节将详细介绍这些实用方法或操作方法，帮助卖家快速上手，少走弯路。

如果有产品卖出，卖家的手机会收到微店的提醒，即可开始给订单发货，具体操作方法如下：

（1）登录微店后，可以看到"订单管理"按钮上有数字"1"的提示，如图15-50所示。

（2）点击"订单管理"按钮，进入"订单管理"界面，可以看到"待处理"列表中有订单显示"待发货"，如图15-51所示。

（3）点击该订单进入"订单详情"界面，可以查看该订单的详情情况，如图15-52所示。

■ 图 15-50　提示订单

■ 图 15-51　"订单管理"
界面

■ 图 15-52　进入"订单
详情"界面

（4）点击"处理"按钮，再点击"发货"按钮，如图 15-53 所示。

（5）选择物流方式，默认选中的发货方式是"快递"。接下来需要输入快递单号，这里建议使用"扫描"功能，这样就可以直接用手机摄像头扫描快递单号来进行输入，如图 15-54 所示。

（6）输入快递单号后，可以选择快递公司，微店 APP 仅列举了常见的快递公司，如果列表中没有，卖家也可以自行输入，而且输入的快递公司将会自动保存，以便下次使用。

■ 图 15-53　点击"发货"
按钮

■ 图 15-54　扫描快递单号

（7）当以上信息都填写完毕，点击右上角的"发货"按钮，如图15-55所示，则可完成发货操作。

（8）此时，微店会向该买家发送发货通知的短信，如图15-56所示。

■ 图15-55　选择快递公司并发货　　　■ 图15-56　买家收到发货通知

（9）当有客户发送消息时，手机通知栏会出现提醒，如图15-57所示。

（10）点击该通知，即可进入"微店买家"界面查看消息详情，如图15-58所示，卖家可以在该聊天窗口及时回复买家的问题。

■ 图15-57　通知栏出现提醒　　　　　■ 图15-58　查看消息详情

（11）当有订单交易成功时，在"客户管理"界面中会显示相应的买家，如图15-59所示。

（12）点击该买家即可进入"客户详情"界面查看买家详情，如图15-60所示，卖家可以查看客户的收货信息、历史购买数据等，有助于分析客户喜好，有针对性地进行推销。

■ 图 15-59　"客户管理"界面

■ 图 15-60　查看买家详情

212　用微信收款

微信收款功能旨在帮助卖家快速向买家发起收款，促成交易。当有商品来不及上架到微店，而又有客户想购买时，可以通过微信收款来达成这笔交易。

（1）买家通过微信向卖家咨询商品信息、价格，如图 15-61 所示。

（2）买家与卖家谈妥价钱后，创建微信收款，如图 15-62 所示。

■ 图 15-61　微信咨询

■ 图 15-62　创建微信收款

（3）将收款链接发给买家，买家即可直接完成支付，如图 15-63 所示。

（4）买家完成付款后，卖家的订单管理"已付款"列表中即可看到这笔订单，如图 15-64 所示。

另外，卖家可以给订单添加备注，如图 15-65 所示，这样就不必担心会忘记买家买的是什么了。

■ 图 15-63　发送收款链接

■ 图 15-64　完成付款

■ 图 15-65　订单备注

213　微店商品营销技巧

卖家要想提升微店商品的点击率，可以从两个方面来优化：选品和图片。

1. 优化选品

以在微店中比较常见的女装商品为例，首先，选择的商品最好适合年轻女性，年龄在 18 ～ 28 岁左右，因为这个年龄阶段的女性是微店最大的买家群体；衣服的风格上，应该选择当下年轻女性喜欢的日韩系风格，如图 15-66 所示。如图 15-67 所示的商品款式，年轻用户通常是不喜欢的。不要选择偏老气的款式，模特的姿势也不要太老套。

■ 图 15-66　合适的商品风格

■ 图 15-67　不合适的商品风格

2. 优化商品主图

商品列表中，最重要的就是商品的图片，注意不要用淘宝上面的图片优化的经验来做手机端，因为那是完全不同的场景。设计微店的商品图片时，要注意以下细节。

（1）要求图片明亮、清晰，背景简单不杂乱，如图 15-68 所示。

（2）细节图突出，商品在图片中的占比大，如图 15-69 所示。

■ 图 15-68　简单的背景

■ 图 15-69　细节图突出

（3）不抠图，少拼图，不用白背景图片，如图 15-70 所示。

（4）尽量选亚洲模特，欧美模特距离感太重，如图 15-71 所示。

■ 图 15-70　少拼图　　　　　　　　■ 图 15-71　尽量选亚洲模特

（5）对于明星同款商品，不要过分突出明星，重点是要突出商品本身。

（6）少用挂拍和平铺图片，如图 15-72 所示，因为挂拍和平铺的图片很难让用户知道这个衣服的尺寸与穿上的效果，自然就不会有高的点击率。

■ 图 15-72　少用挂拍和平铺图片

当微店卖家通过口袋直通车推广商品时，直通车点击单价和商品质量得分是影响商品搜索排名的两个关键。其中，商品的质量得分包括商品的销量、评分；商品在口袋购物的收藏数；点击率和购买点击率；店铺信誉。提升商品排名的技巧如下：

（1）选择销量、口袋收藏数或者点击率和购买点击率高的商品加入口袋直通车做重点推广。

（2）如果淘宝店铺有新品上市，立即到微店同步商品，并设置直通车推广。

（3）如果以上两类均不是，可通过口袋购物累计销量、口袋收藏，为获得排名优势打好基础，再进行重点推广。

关键词选取技巧：口袋直通车虽然没有什么关键字出现，但是标题里如果包含热搜关键字，会大大增加商品的展现概率。随意输入一个关键字，系统自动推荐的关键词就是热搜关键词，如图15-73所示。

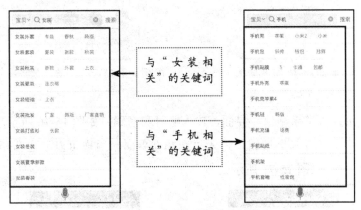

■ 图 15-73 系统自动推荐的关键词

214 微信好友分享技巧

微信 APP 的即时性和互动性强，同时其可见度、影响力以及无边界传播等特质也特别适合病毒式营销策略的应用。微信平台的群发功能可以有效地将微店中的视频、图片，或是宣传的文字群发到微信好友，还可以利用二维码的形式发送优惠信息，这是一个既经济又实惠，且更有效的促销模式。用户主动为微店做宣传，激发口碑效应，将产品和服务信息传播到互联网及生活中的每个角落。

下面介绍将商品分享给微信好友的具体操作方法。

（1）启动微店 APP，进入"我的微店"界面，选择要分享的商品，点击商品图片下面的分享图标 <，如图15-74所示。

（2）执行操作后，弹出"通过社交软件分享"列表，点击"微信"按钮，如图 15-75 所示。

■ 图 15-74 "我的微店"界面

■ 图 15-75 点击"微信"按钮

（3）进入"登录微信"界面，输入账号和密码，如图 15-76 所示。

（4）点击"登录"按钮，进入"选择"界面，用户可以创建新聊天或者选择相应的好友，如图 15-77 所示。

■ 图 15-76 "登录微信"界面

■ 图 15-77 "选择"界面

（5）点击相应联系人，弹出信息提示，点击"分享"按钮，如图 15-78 所示。

（6）执行操作后，相应的微信好友可收到微店推荐的商品，如图 15-79 所示。

■ 图 15-78　点击"分享"按钮　　　■ 图 15-79　分享商品给好友

（7）当微信好友点击发送的商品信息时，微店会提示好友收藏店铺，如图 15-80 所示。

（8）点击"知道了"按钮，进入商品详情界面，即可收藏店铺或者购买商品，以及和卖家进行沟通，如图 15-81 所示。

■ 图 15-80　微店提示　　　　　■ 图 15-81　商品详情界面

215　微信群推广技巧

在信息传播方面，微信群有不可小觑的作用。例如，一个经营着淘宝店的商家可以通过微信群定向发布自家产品的最新信息，由于消息是主动推送给群组成员的，因此送达率和打开率都要高于朋友圈。那么，微信群如何进行推广呢？商家如何获得更多的群成员呢？方法如下。

（1）通过微信公共号向微信群导入。商家可以建立一个与微信群主题相关的公共号，名字吸引人，每天就会有不少用户关注。另外，公共平台每天需要一定的时间进行内容维护和推送，在推送的内容中添加微信群的信息，这样就会有一定量的用户主动扫二维码或添加群主为微信好友申请进群。

（2）多平台推广。如图15-82所示的推广方式均通过群发或私信方式发送二维码，邀请买家入群。此方法可以找到比较精准的人群，效果较明显。

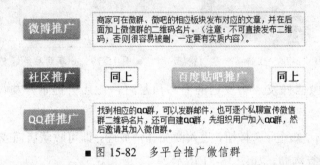

■ 图15-82　多平台推广微信群

（3）人脉资源推广。商家可以利用自身的人脉资源推广微信群，让好友帮忙宣传。

（4）广告合作。商家可以通过互换广告位的方式在其他网站发布微信群二维码进行推广。

专家提醒

在推广微信群的过程中，商家还需要注意以下问题：

由于所有群成员都可以修改微信群的名称，因此最好每天查看其是否被修改。遇到不是在聊群主题的用户，可以进行私聊引导，以免骚扰到其他用户，导致退群。

由于手机管理微信群操作不便，商家可利用微信网页版对群进行管理。

通过群发邮件然后添加好友的方法，发送50个邮箱以后建议换号发布，以免出现对方收不到邀请信息的现象。

群建立初期，每天不宜一次性发布大量内容，可选适当时间发布几条，以免成员退群。

积极与群内活跃成员沟通，带动其他成员参与，一起发布内容。

216　朋友圈分享技巧

微信的注册用户已达 6 亿，月活跃用户 2.79 亿，这意味着很多客户都在上微信。

有人的地方就有生意，在微信营销的整个流程中，朋友圈运营可谓重中之重，是培养老客户的重要基地，同时也是开发新客户的重要窗口。

要将商品分享到微信朋友圈，有以下两种方法。

（1）在"我的微店"界面点击要分享的商品，弹出对话框后，点击"分享"按钮，如图 15-83 所示。

（2）分享商品后，即可在"朋友圈"显示，如图 15-84 所示。

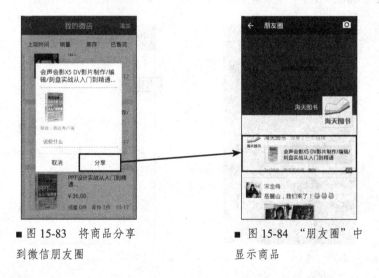

■ 图 15-83　将商品分享
到微信朋友圈

■ 图 15-84　"朋友圈"中
显示商品

（3）在"我的微店"界面点击要分享的商品，再点击"复制商品"按钮⌀，如图 15-85 所示。

（4）进入微信朋友圈，长按右上角的◎按钮，如图 15-86 所示。

（5）执行操作后，进入相应界面，点击"我知道了"按钮，如图 15-87 所示。

（6）执行操作后，进入"发表文字"界面，长按文本框，弹出相应列表，点击"粘贴"按钮，如图 15-88 所示。

■ 图 15-85 点击"复制商品"按钮

■ 图 15-86 微信朋友圈

■ 图 15-87 点击"我知道了"按钮

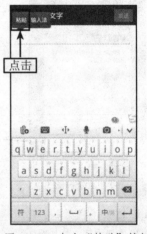

■ 图 15-88 点击"粘贴"按钮

（7）执行操作后，即可快速将复制的微店商品链接粘贴至文本框中，点击"发送"按钮，如图 15-89 所示。

（8）返回"朋友圈"界面，即可分享相应的商品链接，如图 15-90 所示。

（9）点击文字链接，查看微店商品详情，如图 15-91 所示，并且可以直接购买，如图 15-92 所示。

■ 图 15-89 粘贴微店商品链接

■ 图 15-90 分享相应的商品链接

■ 图 15-91 微店商品详情

■ 图 15-92 立即购买

217 QQ 分享技巧

目前，腾讯公司占据着中国超过 80% 的互联网市场，尤其是腾讯 QQ 的使用人数已经突破 7 亿。如此庞大的用户群体，代表着潜力十足的客户群。店主们应该如何利用 QQ 工具进行推广呢？这是很多商家都在研究的问题。

1. 通过聊天推广

一个普通等级的 QQ 号码能添加 500 个好友，VIP 4 及以上等级可以添加

1000 个好友。QQ 聊天是最直接的推广方式，可以这样说，有多少个好友，就至少有多少个推广机会，店主们可以参考以下流程进行推广。

（1）进入"微店管理"界面，点击店铺下方的"分享"按钮，弹出"通过社交软件分享"界面，点击 QQ 按钮，如图 15-93 所示。

（2）执行操作后，跳转至"发送到"界面，选择 QQ 好友，点击"发送"按钮，如图 15-94 所示，QQ 好友会收到消息，然后点击店铺地址，即可查看店铺首页以及商品详情。

■ 图 15-93　点击 QQ 按钮　　　　■ 图 15-94　点击"发送"按钮

2. 利用 QQ 群推广

一个普通等级的 QQ 群可以添加 100 人，高级群则可以添加 500 人，这是一个更大的客户群体，需要店主更加用心地去做推广。

方式 1：店主可以利用自己的权限建立一个主题 QQ 群，然后邀请有相同兴趣或是相同行业的用户进群，每天进行店铺推广，同时可以对群内成员给予特殊优惠，以建立稳定的客户群体。

方式 2：店主可以搜索同类主题 QQ 群，然后在群里发送广告即可，不过对于新加入的群，店主应该以"先培养感情，后推广"为主要原则，不要刚进群就大发广告，留下链接，应该循序渐进，做好铺垫，并且要尽量发布与群主题相关的信息并植入产品信息，内容需要富有可读性与可互动性。

方式 3：店主可以选择发送群邮件的方式，对群内所有成员群发 QQ 邮件，进行店铺宣传推广。

3. QQ 空间推广

QQ空间的功能类似博客,在QQ空间中可以写日记、传图片、听音乐、写心情,通过多种方式展现自己。这是一个私人空间,可以在自己的日志中做宣传推广,也可以利用"说说",吸引好友来查看。

方式 1:店主可以在微店分享界面点击"QQ 空间"按钮,输入评论内容后,点击"发送"按钮即可完成分享,如图 15-95 所示。

■ 图 15-95　发布 QQ 空间动态

方式 2:QQ 日志与 QQ 说说相似,一篇精品日志会被好友们转载,无形中增加店铺曝光率。

4. QQ 签名推广

QQ 签名一直受很多 QQ 用户的青睐,通过 QQ 个性签名来表达自己的喜怒哀乐等各种情绪,除此之外,通常还被用于商业用途或公司网站的引导,例如,在 QQ 个性签名中写"我的微店 http://v.vdian.com/vshop,欢迎大家光临"。

MOBILE
MONEY
HANDBOOK

第 16 章

风险防范——手机理财陷阱与误区

学前提示

由于手机与理财之间的距离越来越近，若用户使用手机不当，很容易造成财产损失。同时，一些不法分子针对手机用户设置了大量的陷阱，因此，每个用户都要做好手机的风险防范。

要点展示

谨防手机虚假理财平台
谨防手机软件盗走流量
谨防恶意抢红包软件
谨防理财产品夸大收益
做好手机隐私保护工作

218 谨防手机虚假理财平台

不法分子通过钓鱼网站诈骗钱财，是最常见的一种上网风险。用户不能轻信淘宝旺旺、QQ 等即时通信工具里弹出的 URL（网页地址），因为使用手机 WAP 浏览 URL，会直接暴露用户名和密码等信息，很不安全。

通过中奖类短信或者消息弹窗方式发出的 URL 让人难以鉴别，需要用户谨慎处理。另外，一些手机网络安全工具也会实时识别此类网站，并提醒用户这可能是恶意网站，如图 16-1 所示，点击"立即清除"按钮，会显示详情，如图 16-2 所示。

■ 图 16-1 手机管家发现
支付风险

■ 图 16-2 显示详情

目前网上虚假的投资理财网非常多，而且内容极具煽动性，网民很容易因贪图所谓的"高利润"而轻信其编造的花言巧语。一旦通过这些网站进行网上交易，不仅无法获得其承诺的收益，还将遭到巨大的经济损失，甚至可能造成银行卡被盗刷。

针对此种情况，用户不要轻信网上这类投资理财网，尽量使用 360 安全浏览器仔细鉴定网站身份，以免遭到不必要的经济损失。360 安全浏览器具备"网址云安全""网银云安全"等安全防护体系，可以自动拦截恶意钓鱼网站，确保用户上网安全。用户一旦上当，还可享受全年 72000 元的网购先赔服务。

219 谨防手机免费 WiFi 盗取数据

目前，在各种公共场所均有免费的无线网络，很多手机用户都会不假思索就连接上网，进行聊天或炒股。殊不知，有些免费 WiFi 可能是黑客布置下的陷阱，想着"蹭网"可能就会被黑客"蹭钱"，如图 16-3 所示。很多公共场合的 WiFi 存在隐私危机，黑客只需凭借一些简单设备，即可监视 WiFi 上任何用户正在浏览的内容，别人的用户名和密码也能手到擒来。

因此，如果用户在咖啡厅、商场、酒店、机场等各种公开场所搜索到一个不需密码的免费无线网络，最好不要使用，因为这很可能是盗取用户资料的陷阱。

为节省手机流量，很多人习惯四处"蹭网"，但是针对新出的这些骗术，建议手机用户警惕在公共场所遇到的陌生免费 WiFi，最好不要在陌生网络中使用账户、密码，另外要提高手机安全保障，如安装杀毒软件、设置密钥、数字证书等。

在使用公共 WiFi 的过程中，手机上的网银、QQ 等账号和密码容易被"钓鱼"，账户里的钱财被洗劫一空。

这类作案手段在国外早已出现，因为如今智能手机越来越普及，手机上网不只限于浏览网页这一项功能，已经扩展到了包括商业沟通、网络炒股、视频对话、图片传输等可能涉及一些隐秘信息传送的多方面功能，一些不法分子正是发现其中有利可图，才把它作为一项新的作案方式。

智能手机好比是一个水龙头，相应的水管和水可以分别看成是手机上网的

■ 图 16-3 蹭 WiFi 有风险

途径（无线路由器等）和上网过程中产生的数据流。如果不法分子在水管中间插入一个计算仪器，无论用户什么时候用水，使用了多少水都能知道得一清二楚。类似地，不法分子如果在路由器上连接一个仪器，手机用户在无线上网时产生的

"数据流"就会被"截取"并复制，只要对这些"数据流"进行分析，不法分子就能获取用户的个人信息。这种"截取数据流"的手段可以分成两种，第一种是"设套"，第二种是"入侵"。前者是不法分子在公共场合搭建免费 WiFi，诱惑一些用户主动连接上网，然后截取数据流；后者主要针对路由器不设置密码的家庭网络用户，不法分子连接上这些不设密的路由器，然后破解并对用户机器进行远程控制，从而截取数据流。

1. 手机炒股、转账、网购等用户需谨慎使用 WiFi

一般中高端智能手机都会在后台默认运行一些软件，如果市民一直开着手机 WiFi 自动连接功能，一旦搜索到并连上不法分子开设的陷阱 WiFi，自动运行软件进行数据上传的过程中，用户信息就会被立即截取和破解，所以最好把手机 WiFi 连接设置为手动，特别是经常利用手机上网炒股、银行转账和网购的用户，最好在确实需要联网时再打开 WiFi。同时，市民在公共场合选择 WiFi 时一定要看清楚网络名称，一般情况下，一些正规单位或企业提供的免费 WiFi 都会要求用户通过手机短信验证后才能登录，盗取信息的情况比较少见。对于那些不需要任何验证就能轻松登录的免费 WiFi，用户使用前就要考虑清楚。

2. 使用 WiFi 时的安全措施

经常使用 WiFi 的网民最好将手机设置成手动网络配置，这样虽然不一定能完全阻止攻击者的入侵，但在一定程度上增加了攻击的难度，加强了对网络的安全控制。此外，在登录网银、支付宝、股票证券交易网站时尽量选择有线连接方式，防止口令等重要信息以不安全方式传输而导致的被窃，也不要在使用这些软件登录时选择"记住密码"选项，每次都输入一遍就等于多给不法分子设了一道"难关"。另外，最好要及时安装防火墙软件，通过防火墙设置，可以有效抵御多种常规类的入侵攻击。

3. 公共 WiFi 须慎重使用

公共 WiFi 要谨慎使用，或尽量不使用，如果一定要使用公共 WiFi，可选择由信誉度高的部门组建的，或是由移动、联通等知名手机运营商提供的无线网络上网。

4．保障路由器安全

除了不去主动招惹免费的"陷阱 WiFi"，用户也要知道如何"保护"好自己家里的路由器，可采用以下方法。

（1）无线网络加密。

在设置无线路由器时，尽量使用 WAP2 方式，这样可以降低密钥被破解的概率。在设置密码时应避免包含个人信息，也不要仅使用简单的数字和字母组合，这样可以增加不法分子暴力破解的难度，减少攻击者推测出网络关键信息的可能性。

（2）修改默认的用户名和密码。

因为同一型号甚至同一厂商的无线路由器在出厂时所设置的默认用户名和密码几乎都是一样的，因此，有经验的用户只需尝试几次就可以轻松进入无线路由的 Web 配置界面，从而控制无线网络，所以修改默认用户名和密码也是保护无线网络安全所必需的。

（3）关闭或修改 SSID 名称。

SSID 就是搜索无线网络时所出现的无线网络名称。对于企业级用户来说，这个名称是为了方便员工找到并连接到自己企业的无线网络，但对于个人家庭用户来说，公开 SSID 只会引来非法入侵者。

（4）关闭 DHCP 服务器。

DHCP 是自动为连入无线网络的用户分配 IP 地址的一项功能，省去了用户手动设置 IP 地址的麻烦。

一旦关闭了 DHCP 功能，想要连接到无线网络的非法用户就无法自动分配到 IP 地址了，就得手工输入 IP 地址。所以，如果家里没有使用无线功能的器件，或是不嫌手动输入 IP 地址麻烦，可以关闭 DHCP 功能。

（5）开启 MAC 地址过滤。

MAC 地址是厂商在生产网络设备时赋予每一台设备的唯一的地址。开启无线路由器的"MAC 地址过滤"功能，在 MAC 地址列表中输入允许连入网络的 MAC 地址，利用 MAC 地址的唯一性，可以非常有效地阻止非法用户。

220 谨防手机软件盗走流量

有一些用户因为手机内预装了一些需要付费的软件，在不知情的情况下使用相关服务并且付费，导致话费损失。目前我国智能手机发展速度比较快，在运营商等销售渠道的推动下基本已经普及。在此过程中，很多渠道都将多种软件预装到手机内，成为一种推销渠道。这些预装软件大部分是由一些软件开发者付费要求安装的，目的是可以更好地推广自己的软件。同时，因为这些预装软件是直接装入系统的，普通消费者没有能力卸载，只能留在手机中，随时可能会因为误用造成流量和话费的损失，如图16-4所示。

更有个别经销商会把恶意软件预装到手机内，这些软件会在后台偷偷下载其他软件，以赚取推广费用，还有可能自行发送短信定制一些收费服务，给用户造成流量和话费的损失。

对于这种问题，要想避免也很简单，可在不需要的时候关闭手机的数据传输功能，需要时再打开，防止软件自动升级。目前市场上主流的智能手机管理软件均已推出了管理预装软件功能，

■ 图16-4 吸费软件盗走流量

大部分手机可以通过连接电脑将预装的软件卸载，同时，用户下载游戏或是应用时应到官方网站下载，避开小规模的网站和论坛，并下载手机杀毒软件，定时查杀病毒木马。

同时，用户应多注意以下细节。

1. 防御恶意软件措施

（1）找准正规下载渠道。

建议选择官方网站或正规授权代理渠道下载软件，尤其是安卓平台的应用软件，另外，用户还可通过短信渠道下载，可将要下载的应用名称以短信的形式发送至12114。

（2）安装前阅读权限申请。

软件下载成功后，在安装前，建议用户详细阅读"权限申请"，如下载软件后，要求获取通讯录或地理位置等信息，此类情况下用户就应该提高警惕。

（3）借助主流安全软件监控。

目前，安全软件主要有腾讯手机管家、网秦手机安全卫士等，不仅可以拦截吸费木马，防止恶意扣费，还可进行流量监控，在安卓平台上支持"日流量排行"和"月流量排行"，对于各个软件的数据流量消息，用户可一目了然。

2. 小心操作失误

不同于功能手机只能单程序运行，智能手机可支持多个程序同时运行，甚至部分机型还支持双屏操作，这意味着用户在使用一个软件时，之前运行的程序均在后台同时运行，即使屏幕锁定后，多个应用软件依然同时走流量，造成流量消耗。用户自身操作失误的形式有以下几种，要多加注意：

（1）许多免费软件中都有广告显示，而用户操作时很容易误点，造成广告页面的加载或捆绑软件的下载。

（2）用户无关闭退出应用软件的意识。当按 Home 键回到主菜单、使用新软件时，或一键锁屏后，之前打开的一些软件其实还在后台运行，保持数据连接状态。

（3）对流量使用不当。国际漫游时数据流量的相关设置若未能关闭，将给用户带来巨大的经济损失。有些用户未能明确电信运营商套餐包中数据流量包的时间和空间限制，如夜间包，指晚上 11:00 至早上 6:00 之间的流量使用包；在地区上分为本地包月流量和国内包月流量，使用本地流量包的用户如果漫游至外地上网，产生的流量不计入包月流量，将额外产生费用。

3. 用户流量使用小贴士

（1）空闲时关闭数据。

用户要提高关闭和退出应用软件的意识，或通过第三方安全软件进行清理。

（2）及时退出应用软件。

iPhone 用户双击手机 Home 键，可对后台运行的软件进行关闭，而安卓手机用户在使用完软件后应及时退出，或使用安全软件的清理后台程序功能。

（3）选择合适的流量包及套餐。

根据自己的使用习惯办理更合适的流量包月套餐，明确流量消耗的时间和空间限制，出境旅游时关闭 3G 漫游。

（4）关闭邮件自动同步功能。

无邮件收发需求的用户可关闭手机的自动同步功能。

221　谨防恶意抢红包软件

很多骗子会制作一些抢红包软件投放在网络上，引诱用户下载，或是通过二维码将木马不知不觉植入用户的手机中。这些木马软件通过盗取用户信息，截取用户短信，获取验证码等方式，悄悄转移用户财产。

春节时期，抢红包开始成为热潮，各大品牌纷纷推出"抢红包"活动，手机木马也伺机伪装成知名软件混入"抢红包"活动，例如，360 手机安全中心曾截获一款名为"红包大盗"的手机木马，该木马伪装成微信红包和支付宝红包，诱骗手机用户添加银行卡，窃取手机用户的银行卡号等信息，甚至能截获手机中的新到短信并控制手机向外私发短信，如图 16-5 所示。

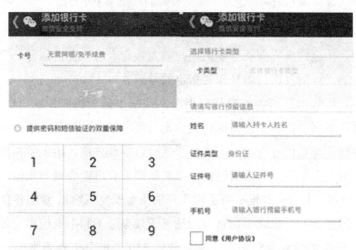

■ 图 16-5　"红包大盗"假冒微信界面诱骗手机用户添加银行卡

"红包大盗"恶意软件从图标、页面、字体等方面，都和微信、支付宝界面极其相似。其"高仿"的目的就是利用常用红包软件的知名度迷惑手机用户，诱骗用户安装。

一旦手机感染"红包大盗"木马，木马作者就可向指定号码发送短信，通过短信完全控制中招手机，如图 16-6 所示。

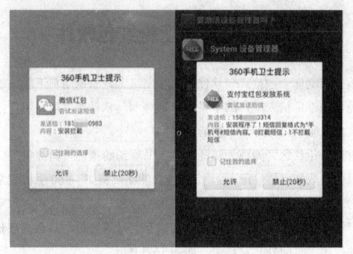

■ 图 16-6 "红包大盗"木马向指定号码发送短信

"红包大盗"木马常用的招数如下。

第 1 招，伪造钓鱼界面诱导手机用户输入银行卡号、身份证号、手机号等敏感信息，并通过短信发送到木马作者指定的号码。

第 2 招，接收木马作者的短信息指令，控制中招手机向外发送短信。

第 3 招，拦截手机新到短信并转发至木马作者指定的号码，通过窃取的支付信息及支付验证码短信等内容，不法分子就可以实现盗刷。由于手机用户无法接收银行账户的动态短信，对于自己银行卡被盗刷很有可能会毫不知情。

"红包大盗"木马会严重威胁手机用户的资金安全，因此，参加各种"抢红包"活动一定要通过 360 手机助手、官方网站等正规渠道下载手机应用，如果发现手机出现无法接收短信等异常情况，立刻使用 360 手机卫士查杀木马，如图 16-7 所示。

■ 图16-7 360手机卫士查杀"红包大盗"手机木马

222 谨防钓鱼网站诈骗钱财

钓鱼网站通常伪装成银行网站或者电子购物网站，窃取访问者提交的账号和密码信息，如图16-8所示。钓鱼网站的页面与真实网站界面基本一致，要求访问者提交账号和密码。一般来说，钓鱼网站结构很简单，只有一个或几个页面，其网址和真实网站只有细微差别。对此类风险，用户应该多加留意，虽然一些聊天软件在用户发送相关信息（如有"转账""密码"等关键字）时会提示用户存在风险，但是通过中奖类短信或者消息弹窗方式发出的URL则难以鉴别，需要用户自己谨慎处理。另外，一些手机网络安全工具也会实时识别此类网站，并提醒用户可能是恶意网站。

■ 图16-8 支付钓鱼网站

网络专家指出了3种用户需防范的钓鱼网站类型：第1种是以相近域名迷惑用户登录，并记录用户信息以达到欺诈目的；第2种是模仿央视等知名单位的假冒抽奖网站，如近期发生在多个地区的仿冒央视《非常 6+1》栏目并通过飞信等即时通信工具发布虚假中奖信息，骗取网民钱财的网络诈骗事件，此类网络犯罪行为的主要特征便是以飞信、短信形式通知用户中奖为诱饵，欺骗网民登录钓鱼网站填写身份信息、银行账户等信息；第 3 种是模仿淘宝、工行等在线支付网页，在网民进行在线支付时转向假冒银行或支付宝页面，骗取网民银行卡信息或支付宝账户。

手机用户在查找信息时，应该特别小心由不规范的字母、数字组成的 CN 类网址，最好禁止浏览器运行 JavaScript 和 ActiveX 代码，不要访问一些不太了解的网站。

业内人士建议，对于难以鉴别的 URL 链接，如果把用户带到另一个网站，要求登录到自己的银行或任何其他账户，千万不能轻易按其要求操作。如果用户确实需要进行交易，最好是手动输入网址直接访问该网站。

223　谨防二维码内有毒网址

二维码其实就是一个网络链接，是进入网络的一种端口，本身无病毒，但是若二维码所链接的是有病毒的网址，那么该二维码就变成了"病毒二维码"，如图 16-9 所示。

■ 图 16-9　病毒二维码

随着移动互联网和智能手机的快速普及，二维码应用逐渐走进大众的生活。如今，二维码不只应用在查询促销信息、团购消费、在线视频等传统领域，电视媒体也开始利用二维码方式提升与用户的交互程度，甚至街头小广告也用上了二维码。在当前二维码广泛应用的背景下，借助二维码传播恶意网址、发布手机病毒等不法活动也开始逐渐增多。

制作二维码的技术和成本非常低，犯罪分子一般将木马程序、病毒、黑客账号窃取软件等网址链接加入外链二维码图片中，用户一旦扫描，手机就会自动下载执行代码或通过手机软件漏洞篡改权限，远程控制或后台静默执行，盗取存储在手机中的移动支付账户信息及密码或篡改支付页面，甚至拦截手机验证码短信或屏蔽银行卡余额变动短信提醒功能，或可以直接重置用户的移动第三方支付密码。另外，还有一些扫二维码后自动安装的木马软件，可实时监控用户移动支付情况，控制用户手机终端，让用户防不胜防。

因此，用户在扫描二维码之前，应该先判断其来源，正规公司、合法企业发布的二维码是安全的，但若发现不知来源的二维码，则应提高警惕。同时，用户可以使用专业的二维码扫描工具，其监测功能会让用户的手机多一层保护。

恶意代码直接攻击浏览器引擎，造成内存破坏类攻击，直接执行原生应用程序级别的任意代码甚至是提升权限，这种问题发生的概率要远远小于 PC 端浏览器遭受同类型攻击的概率，主要原因是大多数攻击程序需要由一定"行数"的代码组成，而二维码的承载数据能力受限制于图片编码的容量极限，简单理解就是，复杂攻击需要更多行数的代码，较少行数的代码只能实现较简单的攻击，二维码由于自身设计的"缺陷"，无法提供恶意代码存储所必要的空间，故攻击空间和影响效果有限。

上面 3 类"病毒"，第一种可以归类为需要用户交互才能触发的病毒，后两种可以归类为无需用户交互即可实现"感染"的病毒。

防范二维码病毒，用户要做到选择知名的二维码扫描软件，并避免打开陌生的和奇怪的网址。

224 警惕 4 种手机银行诈骗短信

1. 信用卡盗刷陷阱

刘小姐喜欢用信用卡消费，为了方便对账，她开通了余额变动的短信提醒服务。某日刘小姐收到了一条信用卡被扣款的短信，但在这段时间她并未刷过卡，刘小姐以为是自己的信用卡被盗刷了，于是匆忙之间拨打了短信上的电话，也没确定电话是否属于银行。

电话接通后，对方自称是某行信用卡客服部，客服听了刘小姐的情况对她说，可能是她的资料不小心泄露，让她听到语音提示后修改账户密码等信息。修改完密码之后，刘小姐才意识到，这肯定是诈骗电话。幸好她正在银行营业厅附近，刘小姐赶紧到营业厅将自己的信用卡冻结。

一些诈骗短信以常见的"余额提醒"的方式引诱用户拨打所谓的"客服电话"，如图 16-10 所示，一旦用户拨打该电话，很容易稀里糊涂地泄露了自己的资料。

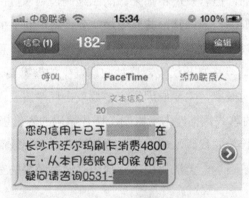

■ 图 16-10 余额提醒式诈骗短信

对于这样的情况，用户应该谨记一点，银行的客服电话都是固定的，如果接到其他号码打来的电话或发送的信息，或自称是银行工作人员的陌生号码，一定要拨打相应银行客服电话咨询，切勿轻信。

2. 系统更新升级

此类短信以"系统更新升级"为由，通知用户登录虚假网站，从而窃取用户资金，如图 16-11 所示。

■ 图 16-11 系统升级类诈骗短信

如果用户通过 360、百度等浏览器输入该网址，则会提示用户："当前页面不是银行的官方网站，此网站可能盗用或混淆其他正规网站的标识。"

3. 提醒用户缴费

一些短信常以提示缴费、还款等方式诱使用户回拨电话，如图 16-12 所示。

■ 图 16-12 提醒还款类诈骗短信

对于这种短信诈骗方式，笔者提醒广大用户切勿轻信陌生号码发来的短信通知，更不要轻易回拨陌生电话，给不法分子进一步行骗的机会。客户如若无法确认短信真假，可以向发卡银行网点或相关部门进行详细咨询，以确认短信的真实性。

4. 骗取汇款

相信凡是使用手机的用户都收到过这样的短信："我是房东，我换了个号码，这次的房租打到我爱人卡上，卡号、名字是××"；"爸妈：我在外地打架被抓了，快汇款救我"。

这类直接骗取汇款的短信应该是最常见的，但常有粗心的租客、救子心切的家长上当。对于这类诈骗短信，用户一定要谨慎处理，多方求证，以免上当受骗。

短信诈骗门槛低，但骗术有限。对于普通用户而言，预防短信诈骗最重要的一点就是能识别出诈骗信息。如收到此类诈骗短信或电话，要提高警惕，不要透露任何个人信息。

225　谨防理财产品夸大收益

自从挂钩货币市场基金的余额宝一炮走红后，其他基金公司在"眼红"的同时，纷纷使出浑身解数大力营销，约定收益率高达 8% 甚至 10% 以上的理财产品接连横空出世。个性化理财产品不断推出，受到上班族热捧，原因是这些理财产品年化预期收益率较高，超过绝大多数同期传统理财产品，如图 16-13 所示。

■ 图 16-13　高额收益的广告

如图16-13所示的广告，许多投资者可能马上会被"19倍"这样的数字给吸引，但实际上这个19倍的收益，是将7日年化收益率当作年收益计算，并且与银行活期存款相对比，才能达到如此高倍数的收益。

同时，7日年化收益率只能算是预期收益，预期收益率并不等于实际收益率，用户在购买理财产品时还要注意产品风险和资金投资去向。

> 继数米基金在收到互联网金融行业首张罚单后，东方财富旗下的天天基金也因宣传违规被要求整改。值得注意的是，互联网企业在推广中捆绑的都是低风险低收益的货币基金，而推广中呈现出来的却是较高的收益，已经涉嫌误导投资者了。

226　做好密码防护工作

移动互联网技术发展日新月异，应运而生的移动理财越来越被大众接受，比使用电脑更为方便，逐渐成为人们的主流理财方式。在享受手机理财乐趣的同时，保证网上支付安全显得更加重要，但许多用户对此做得并不好，认为手机比电脑要更安全，在支付密码环节往往会有以下两种误区。

1. 密码设置相同且简单

很多用户比较懒，总是"一个密码走天下"，无论是邮箱、聊天软件，还是银行卡、支付软件、理财账户都使用相同的密码，并且喜欢用生日、身份证号码等数字作为账号密码，虽然方便记忆，但这样的密码极易被"盗号者"破解，任意一次的资料泄露都极有可能导致用户的所有账户失去安全保障。

因此，用户最好是为手机支付、银行卡重要账号设置单独的密码，使用"数字＋字母＋符号"组合的高安全级别密码。如果是类似"支付宝"这种软件，有登录密码和支付密码两个密码，用户必须设置成不相同的。

2．把密码存在手机上

有的用户喜欢把账号与密码保存在手机或电脑的某个文件中，这也是比较危险的行为。若手机或电脑处于联网状态，就有可能被木马等病毒软件侵害，账号密码也可能泄露，因此，用户的账户与密码不要保存于联网的手机、电脑等设备中，对于一些不熟悉的网站，填写信息时要谨慎。

在新浪微博上，用户反映"微信被盗号"的例子比比皆是。记者发现，这些微信用户被盗号的经历大多类似：有陌生人发过来一句话，里面往往包含了一个网址链接，然后让用户进入某空间看看认不认识某人，打开空间时需要输账号和密码，一旦输入就中招，账号和密码会迅速被对方盗取。

无独有偶，最近在某网络论坛上有一位黑客，自称利用微信账号安全的设置漏洞，成功破解了多位名人的微信账号，并公布为证。

业界也称最近微信账号被盗情况严重。目前，由于微信好友大都来自QQ好友和手机通讯录，使用户对陌生人的警惕性降低，导致不法分子诈骗成功的几率更高。此外，微信的特殊功能也间接为不法分子提供了方便，如可以通过"查看附近的人"功能很容易地查找到几十个在1000米范围内的微信用户，实现"定位"。

另一大社交工具"微博"被盗号已经不是什么新鲜事了。一些名人或普通微博用户时常发现自己的微博中会发布些莫名其妙的言论，或者关注自己并没打算去关注的人。除了新浪微博，腾讯微博，搜狐微博等热门社交网络账号被盗的案例也时有发生。

社交工具账号被盗会产生很多问题，不法分子利用微信要求亲友汇款，已经给用户们带来财物损失和烦恼。有团伙专门盗用微信账号，得手后，利用微信的通讯录和亲戚朋友要求对方汇款到国外，如果汇款者没有认真核实身份而轻易汇款，等到发现后已经晚了。

另一大威胁是用户隐私的泄露。一些网民的安全防范意识不强，在使用微信和微博等社交网络时，习惯将自己的日常琐事、喜怒哀乐放到网上，包括各种图片文字，尤其是外出旅游时，微博或微信用户几乎是百分百要把自己的出行时间和旅程中的发现公布于众，这些做法很可能带来安全上的巨大隐患，容易被人掌握去向和位置。

此外，微博等账号被盗后会有很多别人用过的痕迹，需要时间来消除。

针对以上情况，用户应多注意以下事项。

（1）绑定手机号码。

已绑定手机号或邮箱号的微信账号可以找回密码，比如用手机注册后，在微信登录页面点击"忘记密码"按钮选择"通过手机号找回密码"方式，输入注册的手机号，系统会发送一条短信验证码至手机，打开手机短信中的地址链接，输入验证码重设密码即可。

（2）不共用一个账号密码。

微博账号被盗的主要原因是目前可供用户使用的互联网服务很多，基本都通过邮箱注册，用户可能在不同的网站注册时，经常会使用相同的邮箱并且设置相同的密码，这就可能出现一旦一个网站的密码被盗，多个网站的账号都被盗的现象。例如，QQ 号被盗了，微信号也就跟着一起被盗号了，所以在注册账号时建议使用不同的密码。

（3）不要轻易打开链接。

微博和微信上出现很多盗号木马程序，不要轻易打开发过来的网页链接，特别是在要求输入账号和密码时就要万分警惕了，这很可能就是一个盗号程序。

（4）及时发现异常状况。

当发现微博或微信中被发布或转发了广告信息，安全邮箱、微博资料信息、绑定手机被更改，密码被修改、无法登录，账号莫名关注了许多陌生用户，相册照片减少，账号存在异地登录等情况，便已存在盗号风险，应及时与运营商联系。

227 做好流量监控工作

对于使用手机理财的用户来说，做好流量监控工作是非常必要的，超额使用流量会花费不少话费，十分不划算，本节以 360 手机卫士的流量监控功能为例，介绍手机流量监控方法。

（1）在主界面中点击"流量监控"按钮进入其界面，显示具体的流量使用情况，如图 16-14 所示。

（2）在主界面中点击"设置流量套餐"按钮，即可设置每月套餐限额的流量，如图 16-15 所示。

■ 图 16-14　显示流量使用情况

■ 图 16-15　设置每月套餐限额

（3）点击 360 手机卫士的"软件联网管理"按钮进入其界面，查看月流量排行，如图 16-16 所示。

（4）查看日流量排行，如图 16-17 所示。

■ 图 16-16　"软件联网管理"界面

■ 图 16-17　"日流量排行"界面

228　做好手机防盗工作

随着手机越来越高档、价格越来越高，偷窃手机的不法分子越来越多，因此，手机防盗是用户使用手机时必须关注的。在 360 手机卫士中具有手机防盗功能模块，最大程度保障手机安全。点击"手机防盗"按钮，将显示如图16-18所示的"开启防盗"界面，输入防盗密码，如图16-19所示。

■ 图 16-18　手机防盗模块　　　　　■ 图 16-19　输入防盗密码

　　用户手机丢失后，立即登录360安全卫士，进入"找回手机"界面，如图 16-20 所示。输入被盗手机号和亲友的号码，发送指令，如图 16-21 所示，指定的亲友手机就会收到用户的求助，以便找回用户手机。

■ 图 16-20　"找回手机"界面　　　　■ 图 16-21　发送指令

229　做好手机隐私保护工作

　　用户可使用360手机卫士将自己的隐私信息全面保护起来，其使用方式如下：
　　（1）在主界面中点击"隐私保护"按钮，弹出"请输入密码"界面，输入密码并点击"确认"按钮，如图 16-22 所示。若用户初次进入该界面，则需先设置密码。

（2）进入"隐私保护"界面，用户可对短信、照片等隐私信息进行保护，如图 16-23 所示。

■ 图 16-22　点击"确认"按钮　　■ 图 16-23　"隐私保护"界面

（3）点击"隐私短信"按钮进入其界面，切换至"联系人"选项卡，如图 16-24 所示，在此可以添加隐私联系人，则该联系人的短信和电话即可被保护起来。

（4）点击"程序锁"按钮进入其界面，下面的列表中显示了手机中的所有应用程序，如图 16-25 所示。点击相应程序右侧的锁形图标，即可给该程序加锁，再次点击即可解锁。

■ 图 16-24　"联系人"选项卡　　■ 图 16-25　"程序锁"界面